国家社会科学基金：中国绿色发展水平测度、时空演化特征及提升路径研究
（项目编号：21BTJ054）

中国雾霾污染的形成机理、动态演变与治理效应

佟昕 著

中国财经出版传媒集团
经济科学出版社
Economic Science Press

图书在版编目（CIP）数据

中国雾霾污染的形成机理、动态演变与治理效应/佟昕著. --北京：经济科学出版社，2023.2
ISBN 978-7-5218-4473-3

Ⅰ.①中… Ⅱ.①佟… Ⅲ.①空气染污-污染防治-研究-中国 Ⅳ.①X51

中国国家版本馆CIP数据核字（2023）第014288号

责任编辑：李　雪
责任校对：杨　海
责任印制：邱　天

中国雾霾污染的形成机理、动态演变与治理效应
佟　昕　著
经济科学出版社出版、发行　新华书店经销
社址：北京市海淀区阜成路甲28号　邮编：100142
总编部电话：010-88191217　发行部电话：010-88191522
网址：www.esp.com.cn
电子邮箱：esp@esp.com.cn
天猫网店：经济科学出版社旗舰店
网址：http://jjkxcbs.tmall.com
固安华明印业有限公司印装
710×1000　16开　12.75印张　155000字
2023年2月第1版　2023年2月第1次印刷
ISBN 978-7-5218-4473-3　定价：66.00元
（图书出现印装问题，本社负责调换。电话：010-88191545）

前言

绿色发展理念是习近平新时代中国特色社会主义思想的重要内容，绿色发展理念的核心是建设“美丽中国”。在中国经济已经从高速增长阶段转向高质量发展阶段，为了更好贯彻落实新发展理念，雾霾治理也一直是工作重点，并且应对雾霾问题，政府从不同视角进行了强化管理。特别是2017年我国将“蓝天保卫战”写入政府工作报告，报告中明确指出政府将加大生态环境保护治理力度。而且，习近平总书记在十九大报告中再次强调中国要成为全球生态文明建设的重要参与者、贡献者和引领者，由此可以看出我国贯彻绿色发展理念的自觉性和主动性。生态环境保护任重道远，建设生态文明是中华民族永续发展的千年大计①。

近年来，我国在创新、协调、绿色、开放和共享

① 中国共产党第十九次全国人民代表大会文件汇编编写组．中国共产党第十九次全国代表大会文件汇编［M］．人民出版社，2017．

五大发展理念下，各级政府在治理雾霾方面做了很多努力，取得一定的成绩。雾霾造成的环境污染作为民生问题已经引起我国政府的高度重视，通过采取一定的措施取得了一定的成绩。同时我们也应该看到，雾霾的形成具有复杂的原因，因此要实现美丽中国建设和民族永续发展的战略目标，减轻雾霾对人们健康生活的负面影响，必须积极采用科学的办法降低雾霾污染。治理雾霾是一个长期和艰巨的过程，虽然我们取得了一定的阶段性成就，但是仍要扎实行动巩固成果，让中国的生态环境越来越好。

本书着重对雾霾污染的形成机理、动态演变与治理效应的国内外研究进行回顾和述评。雾霾问题涉及多学科的前沿研究领域，已经成为经济学研究的一个热点问题，经济学者从不同研究视角采用多种研究方法对雾霾成因、差异和治理进行分析，丰富了人们对雾霾问题的认识，也为雾霾治理提供了信息支持和实践经验。现有关于雾霾的经济学研究主要从宏观视域进行研究，对于新时代新发展背景下中国雾霾治理问题，中国学者应该加强雾霾的系统性科学研究，促进中国参与全球治理中的话语权。

本书参阅了大量国内外同行发表的相关文献，在此特向他们表示衷心的感谢！由于作者水平所限书中可能存在某些不足，敬请各位专家和读者批评指正！

目录

CONTENTS

第1章

绪　　论

1.1 研究背景

1.1.1 国际背景

2018年10月瑞典皇家科学院宣布将诺贝尔经济学奖颁发给美国经济学家保罗·罗默（Paul Romer）和威廉·诺德豪斯（William Nordhaus），以表彰他们在可持续经济增长研究领域作出的卓越贡献。可以看出世界各国对环境问题的重视提高了一个新的高度，环境问题导致的气候变化是人类面临的共同挑战，全球气候变化严重影响人类的生存与发展。

雾霾污染并不是一个新词，20世纪40年代初美国洛杉矶发生的烟雾事件，就是大量碳氢化合物在阳光作用下，与空气中其他成分发生化学作用而形成的。烟雾事件造成老年人死亡率上升，很多人头痛、眼睛痛和呼吸困难，洛杉矶因此被称为“美国的烟雾城”。

美国政府在1955年通过了《空气污染控制法》，明确空气污染治理责任，并于1963年出台了治理空气污染和雾霾的《清洁空气法》，提出空气污染是跨区域的全国性问题，美国环保署率先提出将PM2.5作为全国环境空气质量标准，并在2006年开始对全国环境空气质量进行24小时监测，根据美国《清洁空气法》，环保署将空气质量分为“达标”、“不达标”和“无法分类”三种，美国公民可以进行监督，根据全年监测统计和监测数据，参与环保机构举行的听证会。

英国在20世纪50年代初也因为进入工业高速发展期后，伦敦地区工厂大量使用煤炭，形成极浓的烟雾而持续出现“大雾霾”天气。1952年12月发生的骇人听闻的“伦敦毒雾事件”中，短短的6天时间，伦敦市因为空气污染原因造成的死亡人数高达4000人，并在接下来的两个月内有近万人因为相关疾病而失去生命，伤者不计其数。[①] 英国政府开始通过立法方式不断改善生产和生活方式，1956年颁布了关于环境保护的法律文件《清洁空气法案》，这个法案设定烟尘控制区，不仅工厂不允许燃烧煤炭，市民也不准烧煤，并全部采用天然气方式取暖。同时，英国大力发展公共交通系统，推行绿色能源，扩大绿化面积。

日本由于石油冶炼和燃油产生了严重的空气污染，特别是20世纪80年代中期开始，空气污染导致的受害人数骤然增长，受害者对日本政府以及汽车公司提起诉讼，最终以政府设定PM2.5环境标准达成和解。2009年日本公布PM2.5环境标准，对空气污染情况进行监测，将相关数据24小时放在网上公开发布，达不到PM2.5排

---

① 张慧媛．雾都劫难——1952年伦敦烟雾事件［OL］．中国天气网，https：//baike. baidu. com/reference/8299094/ed55oLSHS2iYmPzPgO2zMHQ3Mtl6PkbYxQc8K5NTqv83MDLxNB9Kk1JOmgvZIcdsR2Iie7hnSss5uxoWSJOgPhxGfPiKniZSBUHLZg. 2023－2－13.

放标准的车辆将禁止行驶。[①] 在生产设计车辆的时候就要考虑过滤器装置，并结合推广节能技术，到20世纪90年代，日本用了30年左右的时间治理空气污染，取得显著成效。

在德国，如果空气出现严重污染，首先要采取应急措施。德国联邦环境局发言人介绍的应急措施是：禁行某类车辆或者在污染严重地区禁止所有车辆行驶，同时关闭大型锅炉、工业设备和建筑工地以缓解环境污染。德国在空气污染治理方面主要采用三项措施：首先制定相关法律法规、环境污染防治方案和空气质量标准；其次采取技术手段和从污染源头限制污染物排放；最后是完善监管机制，并积极促进清洁能源开发，推进能源转型。

意大利的米兰城市上空的逆温层不利于烟雾的消散，所以世界卫生组织将米兰列为世界空气污染最严重的城市之一。米兰居民的汽车拥有率极高，于是政府增设交通管制区和加收拥堵费来抑制车流。米兰政府还通过周日无车日活动，积极引导民众使用公共交通设施，实现集中供暖和定期检查能耗情况，培养“治理污染人人有责”的意识。

雾霾不仅仅发生在发达国家，相对落后的巴西也受到了污染的侵袭。相似的城市还有土耳其的首都安卡拉，在20世纪20年代初，褐煤的发电厂和煤炉排出大量烟尘，故被称为“西亚雾都”，雾霾让这些城市成为污染严重的城市。

---

① 庄经韬．跨越国境的PM2.5，究竟是什么？[EB/OL]．[2023-02-13]．http://finance.people.com.cn/n/2013/0225/c348883-20585714.htm.

1.1.2 国内背景

面对严峻的环境问题，中国一直采取积极的行动，并且取得一定的成就。由于我国北方空气干燥，冬季漫长，“雨霾”“风霾”和“霾灾”等雾霾天气在《元史》《明实录》《清实录》《北京气象史》等史料均有记载。最早可以追溯到《元史》中元天历二年对“雨土，霾”和“天昏而难见日”；“风霾蔽都城数日，帝恐天神之怒，遣礼部焚香祭天，祈神灵驱风霾而散”等的记载，可以看出当时风霾持续时间很长。明成化四年《明宪宗实录》记载“黄雾蔽日，昼夜不见星日”。明成化十七年，“尘霾蔽空”等记录“霾灾”的多达数十次。清代每隔几年也会发生“霾灾”天气，但人们对雾霾的认识较少，对预防的记载也较少。秦朝制定的《田律》是第一部关于环境保护的法律，受灾农田要以书面方式报告，可以看出当时对环境保护问题已经非常重视。

中国社会科学院城市发展与环境研究所、中国城市经济学会和社会科学文献出版社共同完成的《城市蓝皮书：中国城市发展报告》以“大国治霾之城市责任”为主题，分析了当前雾霾治理的重点和难点，对主要城市重点区域采取的治理措施进行总结，提出保护环境和城市健康发展的对策建议。环保部门在重点施工场所、生产企业和燃煤供热站安装了监控设备，并对违规污染行为进行24小时监察。但是我国还处于快速工业化和城镇化发展过程中，自然生态系统遭到破坏，工业发展和城市规划不合理，破坏生态环境的同时也会阻碍大气流通，促成雾霾形成。随着经济生活的全球化发展，我国环境问题处于不确定环境之中，面临来自环境污染问题内部和外部的各种风险因素的威胁。环境污染的存在和发展直接影响国家经济的长久发展，降低环境污染是提高人民福祉的一件大事。

我国还处于后工业化发展时期，能源消耗量巨大，因此能源消费产生的环境污染也更加严重，对人们的身体健康造成了直接的威胁，需要加大力度开发符合我国国情的经济发展路径，积极采取相应政策措施和方法降低环境污染，实现环境治理。雾霾污染作为近年来直接影响人们生产生活的环境问题，对其的治理成为我国提高民生的重要任务，但是不同地区的经济发展特征造成各地区雾霾污染的差异，治理相对困难。虽然目前环境治理取得一定的成绩，但是针对当前环境污染和生态系统退化的严峻形势，党的十九大特别指出，建设生态文明是中华民族永续发展的千年大计。必须树立绿水青山就是金山银山的理念，像对待生命一样对待生态环境，实现最严格的生态环境保护制度，形成绿色发展方式和生活方式，坚定生产发展、生活富裕、生态良好的文明发展道路，建设美丽中国。因此，针对目前存在的问题，必须根据我国雾霾污染的形成机理和演变特征，采取相应的措施来实现区域经济可持续发展。

1.2　问题提出

1.2.1　中国雾霾污染成因及影响因素问题的提炼

中国如何降低雾霾污染并实现长期有效治理是一个复杂的系统

问题，中国雾霾污染问题有很多方面。尽管雾霾污染在全世界范围内都普遍存在过，但是学术领域对于雾霾污染的影响因素、演变特征和治理效应缺少系统的分析，为此本书提出了中国雾霾污染问题体系主要包含以下几个方面的内容。

1. 中国雾霾污染的形成机理

中国不同区域雾霾污染形成因素不同，探寻中国雾霾污染的形成机理是雾霾治理的关键，借鉴国内外学者关于雾霾及其影响因素相关文献的研究结果，我们确定了人口、经济增长、技术进步、产业结构、金融发展、能源价格、国际贸易、城镇化率和财政分权九个雾霾的重要影响因素，通过分析不同区域的影响因素贡献率确定控制要素，再通过不同控制要素对雾霾污染的变动趋势作用分析雾霾治理的工作成果。通过分析不同区域雾霾污染影响因素对雾霾污染的作用机理，确定快速降低中国不同区域雾霾污染的路径。

2. 中国雾霾污染的时空演变特征

中国不同区域的雾霾污染特征不同，根据雾霾污染的主要影响因素控制雾霾污染是实现雾霾治理的重要途径。现有研究缺少对中国雾霾污染的系统分析，没有考虑不同区域特征和区域雾霾的不同影响因素的空间作用机制，忽略了雾霾及其影响因素的空间联动作用，本书基于动态演进、空间积聚和空间联动的视域对我国省域的雾霾空间格局演变、影响因素和空间溢出效应进行系统研究。

3. 中国雾霾污染的治理效应

当一个国家或地区的经济增长速度高于环境污染速度，或者环境污染速度为负，这个国家或区域就会实现更高的繁荣和可持续发展，从而提高区域竞争力。根据中国雾霾污染问题的形成机理和时空演变特征，构建中国雾霾污染模型，分析我国不同区域的雾霾污染脱钩效应，确定我国雾霾污染的治理水平，构建具有区块链技术的雾霾污染治理机制，总结过去雾霾污染治理的经验教训，提出中国雾霾污染治理的联动机制，为我国环境治理提供理论依据。

我们需要根据具有理论指导意义的研究框架对中国雾霾污染问题进行提炼、整理，并形成系统的和科学的问题体系，找到我国雾霾污染问题的根源。对雾霾问题进行系统分析和识别，使研究工作具有一个清晰的研究体系，确定具有价值的研究问题，为中国雾霾污染治理提供理论依据。

1.2.2 中国雾霾污染问题研究的框架

对中国雾霾污染问题进行研究，首先需要明确问题研究的一般框架和雾霾问题的相关模型和研究方法，这也是研究的重要基础。

对于中国雾霾污染问题的研究，需要明确中国雾霾污染的影响要素有哪些，中国雾霾污染的时空演变特征，不同影响因素对雾霾污染的作用，雾霾污染治理效应如何。上述问题形成了中国雾霾污染问题研究的基本框架。

1.2.3 提出中国雾霾污染问题的解决方案

通过上述研究框架分析可以看出，中国解决雾霾污染是一个复杂的系统问题，需要对雾霾污染问题进行系统研究，给予针对性的解决方案。具体如下：

（1）采用灰色关联理论研究方法，建立雾霾污染灰色系统关联模型，确定雾霾污染在不同区域的作用机制。

（2）利用计算机软件检验雾霾污染的空间依赖性、时空跃迁路径和集群特征，建立面板数据空间计量经济学模型，在考虑空间效应的前提下，对导致雾霾污染的影响因素进行实证分析。

（3）根据脱钩理论，分析雾霾污染与经济发展的脱钩效应，确定不同区域的经济发展特征，针对不同区域雾霾污染问题提出相应解决方案。

（4）基于区块链技术构建雾霾污染问题治理平台，分析区块链技术驱动下的雾霾污染治理运行机制、动力机制和约束机制，构建区块链技术背景下的雾霾污染治理框架。

（5）根据雾霾污染空间联动机制，从导致雾霾污染的主要影响因素角度提出相应的雾霾污染治理路径，快速有效地降低雾霾污染，实现中国经济可持续发展。

1.3 研究目标与研究意义

1.3.1 研究目标

针对上述总结的需要研究的主要问题，确定本书研究的总体目标：分析中国雾霾污染的形成机理，并对雾霾污染的影响因素进行系统分析；针对形成雾霾污染的主要影响因素，建立灰色关联关系理论模型，采用计算机软件对中国雾霾污染进行全方位测度和研究分析，明确不同因素的作用机制，揭示导致中国雾霾污染的主要因素，为控制雾霾污染和实现雾霾治理提出可资借鉴的政策建议。为实现本书的总体目标，需要达到的具体目标如下：

（1）准确评估我国不同区域雾霾污染指标，并分析不同区域雾霾的形成机理，检验区域雾霾污染的空间依赖性、集聚性和空间跃迁路径。

（2）检验不同区域雾霾污染的影响要素，分析不同区域影响要素的作用机制，并检验中国不同区域雾霾污染的脱钩效应。

（3）验证中国区域雾霾污染的空间相关性，考虑空间效应，建立雾霾污染及影响要素的空间联动机制，构建区块链技术驱动下的雾霾污染治理机制，最后提出雾霾污染联动治理机制。

1.3.2 研究意义

1. 理论意义

经济全球化发展背景下，环境污染问题引起了世界各国的广泛关注，环境治理是世界各国的必然选择，中国如何降低环境污染实现绿色发展是我们经济发展中至关重要的问题。本书通过对我国雾霾污染问题进行系统研究，拟在现有的雾霾污染问题理论的基础上，分析中国雾霾的空间联动机制和动态演进特征，寻求中国雾霾污染的主要影响因素和作用机制，参考现有文献及社会生产生活实际状况，重点从人口、经济增长、技术进步、产业结构、金融发展、能源价格、国际贸易、城镇化率和财政分权几个不同视域出发，运用传统的理论分析框架，结合灰色系统关联理论和空间计量经济学理论等，对中国雾霾污染问题空间联控机制给予新的理论解读，以期在雾霾污染问题研究理论中有所突破，进而具有一定理论意义。

本书在分析中国雾霾污染演变的基础上，进行充分的理论分析和实证检验，系统地对本书课题进行深入探索，同时结合中国不同区域特征，在现有研究基础上进一步扩展。利用灰色关联理论模型分析了中国不同区域雾霾污染的不同影响因素和作用特征；考虑空间效应，对雾霾污染的时空演变进行系统分析，检验了雾霾污染的依赖性、空间集聚性和时空跃迁路径，通过空间计量经济模型对不同影响因素进行量化研究；采用脱钩理论模型，检验了不同区域雾霾污染的脱钩效应，对雾霾污染的问题和不同影响因素进行了系统梳理，得到一个全方位的理论依据，有助于填补雾霾污染现有理论的不足。

2. 应用价值

在经济全球化发展的背景下，我国正处于后工业化发展阶段，雾霾严重污染问题使得我国对经济发展进行了重新审视。对中国雾霾污染问题进行系统研究，以科学的视角分析我国绿色发展中遇到的困境以及取得的成效，可以辅助相关部门从理性的角度进行决策。对中国的雾霾污染问题进行系统分析，根据雾霾污染的时空演变特征和空间作用机制，能够更直观、科学地了解中国雾霾污染的时空分布特征，在考虑空间效应的基础上对雾霾污染问题进行理解，对我国新发展格局下实现绿色发展具有重要的现实意义。

本书检验了中国雾霾污染时空演变特征并且指出了导致雾霾污染的内外部原因，验证了雾霾污染具有空间依赖性、集聚性的特征，分析了雾霾污染时空跃迁路径，系统地分析了不同影响因素对我国雾霾污染问题的作用机制，并验证了中国雾霾污染治理的成效，这些研究不仅对我国雾霾的污染治理具有较好的理论参考价值，而且对我国贯彻新发展理念，着力推进高质量发展，制定具有全局性意义的区域战略，实现可持续发展具有重要意义。因此本书的研究将有利于建立良好的雾霾治理机制，保障我国经济的可持续增长，为培养我国核心竞争力提供新的思路。

1.4 研究内容、研究思路与研究方法

1.4.1 研究内容

（1）参考哥伦比亚大学国际地球科学信息网络中心借助卫星搭载设备对气溶胶光学厚度测定的 PM2.5 年浓度数值，结合我国环保局监测数据资料确定的我国不同省域雾霾污染数据，通过建立灰色关联理论模型分析我国不同省域雾霾污染的影响因素作用特征，检验人口、经济增长、技术进步、产业结构、金融发展、能源价格、国际贸易、城镇化率和财政分权九个雾霾污染的主要影响因素对不同区域雾霾污染的灰色关联度，实证研究我国不同区域雾霾污染与

各影响因素的灰色关联关系。

（2）根据前面章节确定雾霾污染及影响因素数据，通过计算机软件分析我国不同省域雾霾污染的空间分布。首先，通过空间全域自相关和局域空间相关性检验，分析中国区域碳排放的空间依赖性、时空跃迁路径和空间集群现象；其次，分析我国雾霾污染时空演变特征，对比分析不同区域雾霾污染的演变趋势和内在含义。

（3）结合雾霾污染空间效应，对不同区域雾霾污染及其影响因素进行空间计量经济学分析。通过建立可拓展的随机性环境影响评估模型，从人口、经济增长、技术进步、产业结构、金融发展、能源价格、国际贸易、城镇化率和财政分权九个影响因素对区域雾霾污染作用机制进行分析，并考虑我国区域碳排放存在显著的空间自相关性，建立了基于面板数据的空间计量经济学模型，对区域雾霾污染的影响因素进行了实证检验。

（4）检验我国不同区域雾霾污染的收敛性，分析区域雾霾污染变动趋势。通过引入“经济增长收敛假说”模型，对中国不同区域的雾霾污染收敛性进行 σ 收敛、绝对 β 收敛和条件 β 收敛检验，并针对不同影响因素对不同区域雾霾污染的条件 β 收敛性进行实证检验。

1.4.2 研究思路

本书的研究思路如图 1 - 1 所示，下面对图 1 - 1 研究路线中的内容加以阐述。

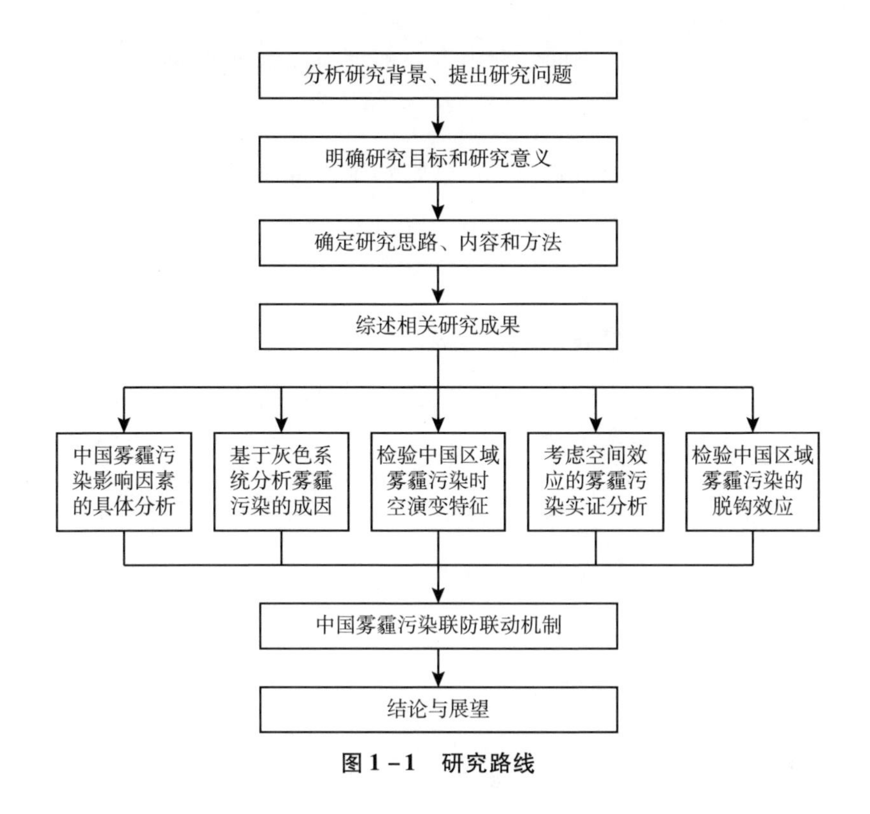

图1-1 研究路线

（1）针对环境污染的问题和我国雾霾污染问题进行系统分析，提炼具有科学价值和研究意义的主要问题。

（2）针对提炼的研究问题，结合国内外研究背景，明确本书的研究目标和研究意义。

（3）为了实现研究的目标，体现课题研究的意义，确定研究的思路和研究的内容。

（4）根据研究思路和研究内容，对中国雾霾污染问题的相关文献进行梳理和总结，对中国雾霾污染的相关文献进行综述和分类，总结现有文献的贡献和不足，为本课题的研究工作奠定理论基础。

（5）在文献综述的基础上，对中国雾霾污染研究问题进行描述，指出中国雾霾污染问题研究的一般框架和解决方案，形成本书的基本理论框架。

（6）针对中国雾霾污染的收敛性和脱钩特征，在考虑空间效应的前提下对中国雾霾污染问题的不同影响因素作用机制进行研究，全面分析中国雾霾污染问题。

（7）基于区块链技术以及雾霾污染治理问题，构建区块链技术驱动下雾霾污染协同治理的运行机制、动力机制和约束机制，提高雾霾污染协同治理的效率。

（8）总结本书的主要研究工作，梳理研究成果和结论，对未来进一步研究工作进行展望。

1.4.3 研究方法

在本书的研究中，针对不同的研究内容采用不同的研究方法，主要的研究方法包括灰色关联关系理论、空间统计和空间计量经济学研究方法、脱钩理论研究、演化博弈和扎根理论方法等，下面进行具体说明。

（1）灰色关联理论研究方法。灰色关联分析是灰色理论的重要组成部分，也是灰色系统分析、预测和决策的基石。灰色关联分析的理论工具是灰色关联度，针对我国不同区域的雾霾污染问题，建立灰色关联度理论模型分析不同区域雾霾污染影响因素的作用特征，可以得出中国雾霾污染问题的成因。

（2）空间统计和空间计量经济学研究方法。检验雾霾污染的空间相关性，采用全域空间自相关检验分析我国雾霾污染的空间依赖性和空间集聚性，分析雾霾污染的时空跃迁路径，建立可拓展的随机性的影响因素评估模型进行研究，基于普通面板数据模型、空间滞后面板数据模型、空间杜宾面板数据模型，实证分析我国雾霾污染及影响因素的问题。

（3）脱钩理论研究方法。脱钩理论是经济合作与发展组织提出的形容阻断经济增长与资源消耗或环境污染之间联系的基本理论，“脱钩”这一术语表示二者关系的阻断，即经济增长与资源消耗或环境污染脱钩，实现二者脱钩发展。经济合作与发展组织将脱钩概念引入农业政策研究，并逐步拓展到环境等领域。利用脱钩理论模型，分析中国不同区域雾霾污染脱离特征，得出不同区域的经济可持续发展特征。

（4）演化博弈和扎根理论方法。演化博弈模型对具体的问题进行分析，并进行描述和假设，找到影响具体问题的关键影响因素，通过选取科学的指标体系，构建一种不同理性群体的动态学习过程。扎根理论是社会科学研究中重要的研究范式，也是质性研究的主要研究方法。通过演化博弈和扎根理论分析雾霾污染问题，我们构建了区块链技术驱动下雾霾污染协同治理系统。

1.5 研究的主要内容及结构框架

本书共由9章构成，具体说明如下：

第1章，绪论。首先介绍本书研究的国际背景和国内背景，明确本书的研究目标和研究意义，确定研究内容、研究思路和研究方法，并且给出本书的研究结构。

第2章，文献综述。首先对雾霾污染的研究做了较为全面的文献综述，然后基于不同模型和研究方法，综述了中国区域雾霾污染与影响因素的国内外文献，并对国内外雾霾污染的相关文献进行回顾，对现有文献研究的不足之处进行述评，为进一步在经济全球化的背景下展开中国雾霾治理研究奠定基础。

第3章，中国雾霾污染区域差异分析。结合灰色系统关联研究方法，首先介绍了灰色关联系统相关概念和模型，然后建立了雾霾污染与影响因素的灰色关联模型，最后检验了不同区域雾霾污染与影响因素的关联度，验证不同影响因素是导致区域雾霾污染的主要因素，总结了我国不同区域发展阶段的雾霾污染影响因素的作用特征。

第4章，中国雾霾污染的影响因素分析。本章参考国际权威组织发布的雾霾污染数据确定我国不同省域的雾霾污染状况。从人口、经济增长、技术进步、产业结构、金融发展、能源价格、国际贸易、城镇化率和财政分权九个方面的影响因素对区域雾霾污染的空间作用机理进行实证研究。

第5章，中国雾霾污染的时空演化特征分析。本章考虑空间因素效应的影响，首先简要介绍了空间统计学的空间效应理论和空间效应的检验方法，并采用Geoda软件对中国省域雾霾污染水平进行了全域空间自相关和局域空间自相关的检验，验证了中国省域雾霾污染的空间依赖性、集聚性和时空跃迁路径。

第6章，中国雾霾污染脱钩效应研究。根据环境库兹涅茨曲线假说，经济的增长一般带来环境压力和资源消耗的增加，但当采取一些有效的政策和新的技术时，可能会以较低的环境压力和资源消耗换来同样甚至更加快速的经济增长，实现二者的脱钩。本章根据脱钩理论构建中国雾霾污染模型，分析不同区域的雾霾污染脱钩效应，并具体分析不同省域经济增长与雾霾污染的脱钩状态。

第7章，基于区块链技术的雾霾污染协同治理机制研究。区块链技术应用于雾霾污染协同治理，无论是方法技术方面，还是实践方面，相关研究仍处于刚刚起步阶段。应构建区块链技术驱动下雾霾污染协同治理运行机制、动力机制和约束机制，深入研究区块链技术驱动下雾霾污染协同治理机制及发展对策。

第8章，中国雾霾污染联防联控治理机制研究。协同治理能抑制雾霾污染，对改善区域环境具有积极作用。雾霾污染联防联控政策对雾霾污染具有显著的控制效应。根据雾霾污染的空间联动特征，借鉴国际发达国家低碳经济发展经验教训，将雾霾污染影响因素与区域发展特征相结合，提出具有我国特色的雾霾污染联防联控机制。

第9章，研究结论与研究展望。这部分内容首先总结主要研究成果和存在的不足之处，提出未来进一步研究展望。

1.6 创新与不足

本书对中国雾霾污染问题进行了系统分析，针对现有研究中的不足之处，开展了以下主要的创新性工作。

（1）针对不同区域雾霾污染影响因素导致区域雾霾污染差异的

问题，通过建立灰色系统关联分析模型，研究不同区域范围的雾霾污染影响因素对雾霾污染的作用，分析区域雾霾污染的形成原因。

根据灰色系统研究方法，建立基于人口、经济增长、技术进步、产业结构、金融发展、能源价格、国际贸易、城镇化率和财政分权影响因素的雾霾污染灰色绝对关联度、灰色相对关联度和灰色综合关联度模型，测算不同区域范围的雾霾污染与不同影响因素的关联度，针对不同区域不同发展阶段雾霾污染影响因素作用的强度大小不同，对比分析不同区域范围内的雾霾污染影响因素的关联度，证明了处于同一发展阶段的区域具有相似的关联度关系，不同发展阶段雾霾污染影响因素对雾霾污染的作用强度不同。

（2）针对雾霾污染相关性和差异性问题，通过全域空间自相关检验分析中国区域雾霾污染的空间依赖性和时空跃迁路径，通过局域空间自相关检验分析中国区域雾霾污染的空间集聚性。

采用 Moran's I 值的空间自相关系数检验雾霾污染的全域空间自相关性，根据检验统计量 Z 值的大小来判断空间相关性的显著性。

通过中国省域 Moran's I 散点图和 Rey 时空跃迁测度法对雾霾污染时空演化展开进一步分析，判断区域雾霾污染水平在空间地理分布上的路径依赖性。

通过局域 LISA 集聚区域图结合 LISA 显著性，验证中国雾霾污染在区域空间分布上已经形成雾霾污染的空间集聚区域。

（3）针对雾霾污染存在的空间效应问题，建立可拓展随机性的环境影响评估模型，建立考虑空间效应的面板数据模型，对导致中国区域雾霾污染的不同影响因素进行空间计量经济学分析。

建立考虑人口、经济增长、技术进步、产业结构、金融发展、能源价格、国际贸易、城镇化率和财政分权影响因素的环境影响评估模型，建立考虑空间效应的雾霾污染面板数据计量经济学模型，对区域雾霾污染影响因素做进一步分析，摆脱了传统计量经济学模型中的“空间单元相互独立”的假定限制，借助Matlab软件，基于普通面板数据模型、空间滞后面板数据模型、空间杜宾面板数据模型分别对雾霾污染的影响因素进行实证研究，使实证分析成果更加精确客观。

第2章 文献综述

从2013年开始，雾霾成为一个热门词语，中国99%以上的城市没有达到世界卫生组织空气质量标准，关于雾霾污染治理的相关研究也引起国内外专家的关注，并取得一定的研究成果，这些研究成果对本书具有重要的借鉴意义。雾霾相关理论和相关文献主要来源于国内外学术期刊数据库和网络资源，通过对雾霾污染的相关文献进行综述和分析，为本书奠定了坚实的理论基础。

2.1 雾霾污染文献检索情况概述

对关于雾霾污染研究的国内外文献的检索情况进行检验说明，主要包括文献检索范围、文献情况和学术趋势三个方面，下面主要对这三个方面进行阐述。

2.1.1 文献检索范围

现有文献主要从雾霾污染成因、影响因素和雾霾污染治理三个方面展开研究。

2.1.2 相关文献统计

文献检索过程中，对雾霾已有的研究成果进行回顾。本书以“雾霾”作为主题，以 Springer 数据库、Elsevier 数据库、Emerald 数据库、Informs 数据库和中国学术期刊网全文数据库作为检索源，进行中英文文献检索。

截至 2018 年 1 月 23 日，从 Springer 数据库、Elsevier 数据库、Emerald 数据库、Informs 数据库共检索到 48654 篇英文文献，从中国学术期刊网全文数据库检索到 23821 篇中文文献。检索文献的主题词、检索源和篇数变化趋势如表 2 - 1 所示。国内关于雾霾研究的期刊包括《经济研究》、《统计研究》、《中国软科学》和《中国人口资源环境》等。

可以看出，关于雾霾污染的研究已经成为研究热点，学术界的关注度呈上升趋势，本书通过对文献进行筛选和分析，对雾霾污染的理论、研究模型和研究方法等方面进行文献综述，了解研究发展现状，在前人研究的基础上明确研究内容。

表 2－1　　相关文献的检索情况

检索源	检索项	主题词	篇数	时间
CNKI	主题	雾霾	23821	1976～2018
Elsevier Science	Title/Keywords	Haze	29293	1823～2018
Informs	Title/Keywords	Haze	14	1981～2018
IEL	Title/Keywords	Haze	255	1981～2018
Springer	Title/Keywords	Haze	18078	1981～2018
Emerald	Title/Keywords	Haze	1014	1981～2018

2.1.3　学术研究趋势

为了明确雾霾文献这一主题的研究趋势，本书以中国知识资源总库知识搜索工具中的“学术趋势”分析工具，以“雾霾”作为检索词，进行学术趋势分析，如图 2－1、图 2－2 所示。

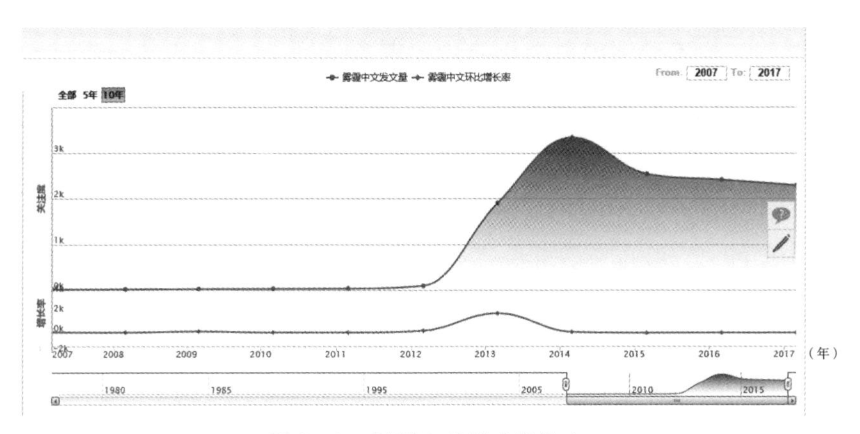

图 2－1　雾霾文献学术关注度

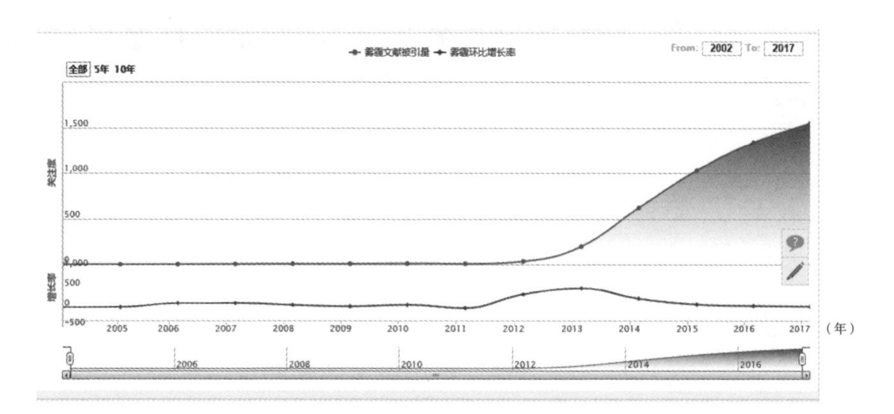

图2－2　雾霾文献学术传播度

根据图2－1、图2－2“雾霾”研究主体的学术关注度和学术传播度可以看出，近年来，关于雾霾的学术传播度呈大幅度的上升趋势，证明这个领域的研究成为研究热点，也证明了本书的价值和意义。

2.2 雾霾污染成因的相关研究

雾霾是雾和霾的合成词，雾是指悬浮在空气中的水汽凝结的产物，是人类活动排放的细颗粒物超过大气循环的承载力后，持续集聚后出现的特定气候作用的现象。霾又称灰霾，由空气中的硫酸、有机碳氢化合物或灰尘等粒子组成，从而导致大气浑浊。雾霾天气是一种空气污染状态，雾霾是对大气中悬浮颗粒物超标的笼统表述，PM2.5是指直径小于等于2.5微米的颗粒物，也被认为是雾霾天气的元凶。雾霾的成因多种多样，比如工业排放、机动车尾气、建筑扬尘等，并且不同区域的雾霾天气中，导致雾霾的污染源也不尽相同。

2.2.1 雾霾污染成因

早在1976年伍端平就对轻雾、霾和浮尘的形成原因、区别以及影响能见度状况进行分析，并且指出稀薄的霾和轻雾很像，但是影响能见度的程度要高。伊瓦诺斯基等（Evanoski et al.）对区域雾霾来源进行研究，发现硝酸铵是导致雾霾事件发生的主要贡献者。龚爱洁、刘幸怡和戴小文对成都雾霾产生的原因和影响因素进行分析，指出成都的特殊地理位置和气候因素是雾霾产生的重要原因，并结合成都地区的经济发展方式提出机动车减排和公众参与等治理措施。肖宏伟等学者对雾霾成因进行分析并从转变经济发展方式和优化能源结构等方面提出治理对策。郝江北对我国雾霾大范围出现的直接原因、深层原因和治理对策进行分析，研究结果认为煤炭能源消费过快是雾霾加剧的直接原因，城市化进程是导致雾霾加重的深层次原因，需要加大力度调整经济结构，优化能源结构来进行雾霾治理。王丽粉从社会经济角度对北京雾霾的成因进行分析并提出相应治理机制。马志越从能源结构、产业结构和机动车尾气等因素对京津冀区域雾霾成因进行系统分析，指出雾霾污染对环境和人们的危害，并从不同视角提出了解决雾霾问题的具体措施。苏惠对长株潭地区的雾霾成因进行分析，并针对不同成因提出相应的建议。王静等学者对上海市雾霾的天气特征和成因进行系统分析，研究发现逆温是造成早晚高浓度雾霾的原因。周峤对中国雾霾的成因进行分析，认为人为因素是主要原因，工业排放物和经济发展模式是雾霾形成的根本原因，另外尾气排放的因素也不容忽视。

2.2.2 雾霾污染影响因素

国外学者从20世纪70年代就开始对雾霾污染问题进行研究，主要采用定量的研究方法从能源消费角度对能源结构进行研究，有学者认为能源结构变化和经济增长对能源消费具有直接关系（Crorapton, et al.）。有学者从法律角度提出良好的法律框架对于雾霾治理至关重要（Nurhidayah et al.），有学者提出工业的内部结构对能源需求总量及能源结构有着重要的影响，从而影响环境的变化（Jones et al.），还有学者则认为经济集聚是造成环境污染的重要诱因（Frank et al.）。导致雾霾的主要影响因素有人为因素和自然因素（Lancet et al.），自然因素包括温度、降水、风速、相对湿度、日照温度和时间等；人为因素包括由于人口集聚造成的城市化、区域贸易、经济发展等因素。现有国内对雾霾问题的研究主要从人为因素进行分析，美国著名经济学家对不同国家环境与经济发展的关系进行分析，研究发现城镇化水平对环境具有相应的影响（Krueger et al.）。也有学者对城市形态进行研究，指出城市化进程中的汽车工业发展导致交通问题，从而导致环境的污染（Downs et al.）。有学者从城市形态转型角度进行分析，发现城市形态转型过程中的城市密度、城市空间布局和交通状况等都是引起大气污染的因素（Marquez et al.）。还有学者从城市化和工业化的视角进行分析，研究表明城市化和工业化对大气环境质量的恶化具有重要的诱导作用，中国的环境问题将成为阻碍社会经济发展的主要瓶颈问题（Olli Varis et al.）。有些学者对中国社会环境进行探析，指出居民生产生活消费和城市交通对石油化工等能源消费需求量的增加，严重影响了中国的城市环境（Bryn et al.）。有些学者指出城市蔓延过程中会带来环境污染的负面影响，是城市化过程中必须要面对的问题（Clifton et al.）。也有学者对纽约、洛杉矶、芝加哥等城市形态和大气质量的关系进行研究，结果显示城市形态化进度与空气污染具有显著的相关性（Terry Clark et al.）。有些学者对伦敦城市雾霾污染问题进行分析，发现伦敦城市交通发展、城市消费结构和城市生产方式都是雾霾天气的主要驱动因素（B. Peter et al.）。还有学者从市场的角度对与雾霾有关的监管成本进行研究，发现随着政府的关注会产生较大的预期监管成本（Chao Kevin Li et al.）。

国内学者对雾霾污染研究相对较晚，随着我国雾霾现象频繁发生，与雾霾相关的研究也日益增多。我国对于雾霾污染的研究主要从20世纪90年代开始，主要从气候因素、自然状况、组成成分以及工业发展等角度进行分析，代表性的研究有刘海英等学者从政治角度分析指出加强地方政府建设是解决日益严重的雾霾污染的有效手段，王立平和陈俊从经济、人口和政策等不同社会影响因素角度进行研究，王美霞则从雾霾污染的不同影响因素分析主要驱动因素，提出综合控制等雾霾治理措施。马丽梅等学者认为中国改变以煤为主的能源消费结构和优化产业结构是雾霾治理的关键。向堃等学者采用空间杜宾模型验证了雾霾的高排放集聚特征。赵君等学者对中国雾霾聚集的空间特征和影响因素进行实证分析，研究发现经济发展水平和产业结构调整对雾霾治理的效果相对显著。王一辰等学者对京津冀区域雾霾污染空间关联特征和影响因素溢出效应进行分析，提出相应政策建议。冷艳丽和杜思正从能源价格扭曲角度对中国省域雾霾污染的影响进行研究，结果显示能源价格扭曲对雾霾污染的影响具有正向作用，并且东部区域能源价格扭曲对雾霾污染的正向作用大于中部和西部区域。庄贵阳等学者对京津冀协同治理的理论基础和制度创新进行系统研究，指出“顶层设计、目标的一致性程度、利益分配和信息共享”是推动京津冀雾霾系统治理的序参量。孙亮对灰霾现象进行研究，认为大气水平方向静风现象和悬浮物增加都是灰霾形成的主要因素，因此需要从气候条件和污染物排放两个角度对雾霾影响因素进行控制。李新令和邓美秀分别对西安市和厦门市雾霾污染指数和气象要素关系进行分析。魏嘉从污染物源头对我国雾霾污染状况进行分析，认为我国雾霾的形成与空气中的气溶胶成分有很大关系，因此解决气溶胶污染的情况是解决雾霾天气的重要途径。杨书序等从雾霾现象形成过程系统分析雾霾的影响成因，研究发现人类活动是气溶胶颗粒物排放的主要因素，因此认为这是减少雾霾现象发生的关键。孙华臣从能源消费和产业结构对我国雾霾的成因以及对策进行分析，研究发现气候因素是雾霾产生的主要诱因，粗放的生产生活方式则是雾霾现象持续严重的因素。东童童从工业集聚和工业效率角度对雾霾问题进行研究，结果显示工业聚集会导致雾霾污染现象严重，并且工业集聚、工业效率和雾霾污染三者之间存在着显著的相互影响趋势。吴建南从经济发展和社会治理角度来分析雾霾污染影响因素，发现我国经济结构失衡对雾霾污染会有影响，而污染物排放、能源消费和建筑扬尘也会直接造成雾霾污染问题。袁凯华等从政企合谋的视角对雾霾污染不同影响因素进行了进一步的分析。

2.3 雾霾污染差异的相关研究

2.3.1 雾霾污染时空分布

国内外学者对不同区域的雾霾的空间分布特征进行了相关研究。马尔姆（Malm）利用计量经济模型对美国灰霾污染的时空演变格局特征进行了分析。古德柴尔德等（Goodchild et al.）采用 GIS 技术对区域空气污染状况的时空动态变化规律进行了探讨。香卡尔等（Shankar et al.）对山东省雾霾的时空特征进行系统分析并指出不同影响因素的作用机制。侯赛因（Hossein）指出在环境污染空间化发展趋势下，区域之间在提高能源效率、新能源管理等方面急需跨区域合作。吴兑等学者对中国 1951 ~2005 年雾霾污染的时空变化特征进行研究，发现 1956 ~1980 年雾霾污染日相对较少，仅四川和新疆地区超过 50 天，20 世纪 80 年代以后雾霾污染日显著增加，21 世纪后东部大多数地区超过 100 天，大城市更多，主要原因是经济活动的变化。张生玲等学者针对 2015 ~2017 年中国 288 个城市的空气质量数据，采用空间统计方法对雾霾污染的空间分布特征进行分析，研究发现河南北部、河北南部等区域是污染重灾区，并且中国雾霾污染的季节性特性显著，雾霾污染的空间正相关性显著。石静对山东省雾霾污染指数进行计算，并对污染的时空分布特征进行分析，并提出了相应的措施。袭祝香等学者对吉林省雾霾污染的时空分布特征进行研究，发现1967～1995年10～11月是强雾霾污染产生的主要阶段。赵普生等学者对京津冀区域107个地面站气象资料进行分析，研究发现北京、天津和河北的雾霾现象变化趋势和特征相似，高值区主要处于北京、天津、石家庄、保定、邯郸等地区。马晓倩等学者对京津冀区域雾霾污染时空特征进行分析，研究发现京津冀地区雾霾污染时空分布差异较大，并且秋冬季节雾霾现象增加显著，产业结构因素也与不同区域雾霾污染现象的产生具有密切的关系。

2.3.2 雾霾污染区域差异

对于区域环境污染差异的研究，可以追溯到格罗斯曼（Grossman）提出的“环境库兹涅茨曲线”假说，学者们根据这个假说分析了环境污染与经济发展的非线性关系，指出区域经济发展阶段不同所处的环境库兹涅茨曲线的位置也不同，蔡海亚等学者对中国雾霾污染的区域差异进行测算和分解分析，发现区域内不均衡发展是雾霾污染差异的主要原因，不同变量的作用机制也不同。李根生等学者从财政分权的视角分析地方政府治理雾霾污染的问题，城市周边地区的工业化和污染溢出促进雾霾污染的产生，雾霾污染形成存在显著的区域性差异。李明等学者建立空间杜宾模型，并对东部、中部、西部和全国的面板数据进行空间计量分析，研究结果显示全国范围内雾霾的莫兰指数显著，不存在库兹涅茨假说，雾霾污染重心呈现从东南向西北转移的趋势，西部省域指数最小，建议加强区域协同治理并且重点推进东部和西部区域经济结构的转型升级。余雅乖基于固定效应模型和我国省际面板数据的实证研究发现，财政分权程度提高反而增加环境污染水平，由于不同的地区特性而呈现不同的财政分权对环境质量的影响机制。需要进一步改革财政分权制度和地方政府激励机制，以减少污染排放并提高环境质量。

2.3.3　雾霾污染差异相关问题

王雪青基于环境生产技术采用 Malmquist 指数构建了雾霾前驱物排放绩效指数，对 2003～2013 年我国 30 个省域的雾霾和前驱物排放进行测度，并分析区域的差异性和收敛性，研究发现，全国范围雾霾前驱物排放绩效整体为上升趋势，三大区域中东部最高，中部次之，西部最低，并且都具有收敛特征。吕长明等学者以中国地级市面板数据为样本，采用 PSM－DID 方法检验地级城市舆论爆发前的后工业废气排放差异，研究结果显示存在舆论政策效应的城市主要为产业结构转型阶段的发达地区，舆论政策效应表现出加快工业去污染化作用，并从城市与区域联防联控两个视角提出雾霾治理中舆论监督方面的意见。还有学者对雾霾污染导致的区域性疾病研究进行分析，认为需要进一步研究雾霾污染导致的区域呼吸道疾病问题，以便卫生机构加强规划能力（Logaraj Ramakreshnan et al.）。有学者对雾霾污染对钢铁类股票的收益率影响进行研究，结果显示严重的空气污染对钢铁企业盈利能力具有负面影响（Kai Liu et al.）。

2.4 雾霾污染治理的相关研究

2.4.1 雾霾污染治理的不同视角

我国应对雾霾污染的首要任务是控制 PM2.5，要从调整产业、联防联控和依法治理等方面采取积极措施，同时加强责任追究。雾霾污染治理的国内外研究也采取不同视角进行分析，例如有学者从法律角度提出良好的法律框架对于雾霾污染治理至关重要（Nurhidayah et al.）；有学者认为政府应该在控制气候变化过程中发挥应有的作用，并指出需要建立明确有效的法律制度，且有专业人员保证有效实施（Johnl. Hodges）。有些学者认为公众对空气污染状况、结果以及应该采取的措施具有知情权，公众的参与将会对大气污染控制起到有效的作用（Irwin et al.）。有些学者提出政府在治理雾霾污染的时候应该加强对大气污染治理措施的评估，并明确了具体评估指标（Stephen et al.）。还有些学者认为有效监管对气候治理具有重要的意义，因此需要建立有效的监管措施（Amy et al.）。

国内学者主要从能源结构、产业结构、经济增长和城镇化视角对雾霾问题进行研究，郑国姣等学者从经济发展的视角分析造成雾霾天气的原因，并提出建立区域政府间合作机制等措施，李振宇等学者从能源结构角度对京津冀区域雾霾天气成因进行分析，提出综合控制等雾霾污染治理措施。屠凤娜从循环产业发展视角对京津冀区域雾霾污染治理提出对策建议。王星等学者采用主成分分析法从城市规模和经济增长的视角对雾霾污染问题进行实证研究，发现城市规模会导致雾霾污染的增加，经济增长与雾霾污染呈现曲线关系，但是环境库兹涅茨假说并不成立。其他视角的研究有王惠琴和何怡平从公众参与视角，分析雾霾污染治理问题的有效路径，并指出以培养公众意识和参与理念为主要目标，解决雾霾污染治理的困境。刘海英等学者则从政治角度分析指出加强地方政府建设是解决日益严重的雾霾污染的有效手段。何为等认为天津市政府的执政能力对雾霾降低起到显著的作用。刘晓红分析了中国产业结构、城镇化和雾霾污染的动态关系，结果显示城镇化发展水平和产业结构中第二产业的提高会导致雾霾上升，西部区域产业结构对雾霾污染影响最大，中部次之，最小是东部。

2.4.2 考虑空间效应的雾霾污染治理

国外学者从行业联防联控视角提出大气污染治理机制，并分别提出政府需要制定并不断修订排放标准，企业也意识到自身对于公众健康和社会发展承担的责任（Walter）。可以看出，现有关于雾霾污染的研究已经取得了一定的进展。有学者认为大气污染是跨区域的，区域之间应该采取联合治理的措施，通过监测污染状况，找出造成污染的原因，减少污染源（Gorge）。有些学者对跨界雾霾污染监管问题进行研究，发现污染和气候变化经常受到国家参与战略的影响，政府跨境雾霾污染法案对整个生态系统具有先行的保护作用（Janic et al.）。有些学者采用空间计量经济方法研究发现欧洲地区各国环境污染和防治问题之间都存在相关性（Maddison et al.）。有些学者对亚洲国家大气污染问题进行研究，结果显示雾霾污染在各国之间存在明显的空间溢出效应（Hosseini et al.）。

国内研究中邵帅等学者考虑空间溢出效应对中国雾霾治理的经济政策选择问题，研究发现能源结构、产业结构和人口都是导致雾霾污染增加的原因，能源效率和研发强度没有达到相应的降霾效果。马丽梅等学者验证了雾霾污染的空间相关性，并指出雾霾治理需要区域间联防联控，中国改变以煤为主的能源消费结构和优化产业结构是雾霾污染治理的关键。张纯考虑空间效应，从城市用地、产业耗能、城市密度和城市交通角度，分析城市形态对雾霾污染的作用机制并提出相应的对策建议。王依樊采用探索性空间数据分析方法对京津冀区域雾霾污染的空间相关性进行检验，考虑空间效应，探究京津冀区域经济增长、人口聚集程度、能源消费和产业结构等指标对雾霾污染影响因素的差异，结果显示京津冀区域雾霾污染存在空间溢出效应，并且人口和产业升级因素会对雾霾污染问题产生显著影响，并提出京津冀区域应该推动高效能源利用和联防联控的雾霾污染治理政策。

2.4.3 雾霾污染治理的发达国家经验

早在19世纪伦敦就出现过雾霾污染现象，美国和日本等发达国家发展的进程中也遇到过同样的问题，它们的雾霾污染治理经验让我们有所借鉴。崔财周对英国雾霾污染治理的法律因素和公民意识进行分析，研究发现英国政府采取了限制排放、技术改造和新能源替代并颁布相应法律等方式，并且法律制定和公民意识对于雾霾污染治理具有重要的保障作用。杨拓等学者对英国伦敦雾霾污染治理问题进行分析，认为英国政府、企业和公众协同参与机制，对我国大气污染治理的总量控制标准、煤电利用体系和环境公益诉讼制度具有启示作用。日本从雾霾产生的根本源头出发，通过调节产业结构等措施成功解决了雾霾问题。李卫东通过分析美国治理雾霾的经验，结合中国的国情提出相应建议。闫珅学者从美国治理雾霾的社会价值观出发，对中国空气质量检测和评价提出建议，并提出明确相应责任等治理措施。陈雨森从能源结构视角对美国大气污染问题进行研究，对中国雾霾治理问题提出相关启示。巩羿通过对比中国和美国雾霾的成因，分析英国雾霾污染治理策略，对中国雾霾污染治理提出指导建议。

2.5 已有研究的贡献和不足

雾霾污染是一个涉及多学科的前沿研究领域，已经引起国内外不同学科背景学者的广泛关注，成为经济学研究的一个热点问题，经济学者从不同研究视角采用多种研究方法对雾霾成因、差异和治理问题进行分析，丰富了人们对雾霾问题的认识，也为雾霾治理提供了信息支持和实践经验。但是，这一研究领域还存在需要继续完善和攻克的难题。

关于雾霾污染的经济学研究，从宏观视域开展得相对较多，针对具体企业和个人的微观研究仍然有待进一步深入分析。雾霾污染问题不仅仅是环境问题，也是经济发展中不可逃避的问题。

中国是煤炭能源消费大国，并且经济正处于城市化和工业化发展关键阶段，能源约束问题和经济结构调整都是我们必须解决的问题。2017 年中国雾霾污染问题解决已经初见成效，中国学者应该加强雾霾污染的经济学研究，推动中国雾霾污染治理的快速发展，增加中国在全球治理中的话语权。

第3章

中国雾霾污染区域差异分析

雾霾污染导致的民生问题已经引起我国政府的高度关注，因地制宜的有效治理是解决雾霾污染的关键问题。通过雾霾污染的差异分析可以评估各区域的治理成效和未来治理方向，并为实现中国式现代化发展提供现实依据。根据中国 2000 ~ 2015 年 30 个省域的雾霾污染状况，以及地理位置和经济发展水平整体特征，将中国划分为三大区域，运用泰尔指数分解法分析了以人口为权重和经济增长为权重的中国区域雾霾污染差异，通过对比分析人口因素和经济发展水平对区域雾霾污染差异的影响，提出具有针对性的雾霾污染治理对策。

3.1 中国雾霾污染指标的确定

雾霾污染问题已经成为我国绿色经济建设领域的重要研究课题，也是涉及世界各国协调发展的重大问题，因此准确核算我国雾霾污染量是问题的关键。

雾霾污染的根源是 PM2.5，也是对人体危害最严重的污染物。现有研究中有的学者认为雾霾污染程度不但受到污染的影响，还与扩散的稀释能力有关，因此采用污染天数来表示雾霾污染程度。但是雾霾污染治理问题应该从源头考虑，具体衡量指标高低，但是我国环保部门从 2012 年才开始对 PM2.5 数据进行公布，因此本书参考现有权威期刊发表的文献的做法，借鉴国内外关于雾霾污染的研究数据，采用哥伦比亚大学国际地球科学信息网络中心借助卫星搭载设备对气溶胶光学厚度测定的 PM2.5 年浓度数值，并参考我国环保局监测数据资料，确定中国的雾霾污染量，可信度较高。

本书从省域和东、中、西部三大区域层面测算和分析区域雾霾污染状况及差异性。按照我国经济发展水平和地理位置相结合的特征，将我国划分为三大经济区域来测算和分析区域雾霾污染及差异性问题。由于资料缺失，本书研究省份不包括香港、台湾、澳门和西藏地区。东部区域 11 个省、直辖市，包括北京、天津、河北、辽宁、上海、江苏、浙江、福建、山东、广东、海南；中部 8 个省，包括山西、吉林、黑龙江、安徽、江西、河南、湖北、湖南；西部 11 个省、自治区、直辖市，包括内蒙古、广西、重庆、四川、贵州、云南、陕西、甘肃、宁夏、青海、新疆。本书选择 2000～2015 年 30 个省域（自治区、直辖市）及东、中、西三大区域雾霾污染总量，结合各区域历年人口数据，测算出人均雾霾污染量。考虑篇幅问题，本章只列出我国东、中、西部地区 2000～2015 年雾霾污染总量及人均雾霾污染的数据。

3.2 中国雾霾污染区域差异实证分析

3.2.1 泰尔指数

现有文献对区域差异分析主要采用加权变异系数法、泰尔指数法和基尼系数法，是通过区域差异大小及其变动趋势来研究变化的一般规律。泰尔指数方法是一种空间可分解性的区域差异方法，用来衡量各区域之间经济发展水平差异，在区域差异研究中被广大学者所重视，因为这种方法的最大优势是可以衡量区域差异和区际间差异对区域总体差异变化的贡献，泰尔指数对上层指标和底层指标的变化反应很明显，并从中能够获取更多的相关信息。

本书参考对泰尔指数及其结构分解的方法论述（Theil et al.），构建雾霾污染的泰尔指数及其结构分解的测算公式。

3.2.2 泰尔指数的计算方法

设：T——泰尔指数，测度区域总体差异；T_w——区域内差异，是各区域内部差异 T_{wi} 加权和；T_{wi}——各区域内部差异；T_b——区域间差异；C_j——第 j 个区域雾霾污染量；C——区域的雾霾污染总量。泰尔指数为 0 ~ 1，数值越小，说明区域差异越小，数值越大，说明区域差异越大。

$$T = T_w + T_b = \sum_j \left(\frac{C_j}{C}\right) T_{wi} + T_b \tag{3-1}$$

1. 区域内雾霾污染差异的核算方法

设：T_w——区域内污染差异，是各区域内部差异 T_{wi} 加权和；T_{wi}——各区域内部差异；C_j——第 j 个区域雾霾污染量；C——区域的总雾霾污染量；G_j——第 j 个区域国内生产总值或人口总数；G——区域的国内生产总值之和或人口总数；C_{ji}——j 区域内 i 省份雾霾污染量；G_{ji}——j 区域内 i 省份国内生产总值或人口总数。

$$T_w = \sum_j \left(\frac{C_j}{C}\right) T_{wi} = \sum_j \sum_i \left(\frac{C_j}{C}\right)\left(\frac{C_{ji}}{C_j}\right) \ln\left(\frac{C_{ji}/C_j}{C_{ji}/G_j}\right) \tag{3-2}$$

其中：

$$T_{wi} = \sum_i \left(\frac{C_{ji}}{C_j}\right) \ln\left(\frac{C_{ji}/C_j}{C_{ji}/G_j}\right) \tag{3-3}$$

2. 区域间雾霾排放差异的核算方法

设：T_b——区域间雾霾污染差异；C_j——第 j 个区域雾霾污染；C——区域的总雾霾污染量；G_j——第 j 个区域国内生产总值或人口总数；G——区域的国内生产总值之和或人口总数。

$$T_b = \sum_j \left(\frac{C_j}{C}\right) \ln\left(\frac{C_j/C}{C_j/G}\right) \tag{3-4}$$

3. 贡献率的核算方法

贡献率是分析经济效益的一种指标，是指有效或有用成果数量与资源消耗量及占用量的比例，即产出量与投入量的比例。计算公式为贡献率（%）= 贡献量/投入量 ×100%。

贡献率也可以用于分析经济增长中各因素作用大小的程度。计算公式为贡献率（%）= 某因素贡献量（增量或增长程度）/总贡献量（总增量或增长程度）×100%。

通过区域间贡献率和区域内贡献率来进一步研究区域间差异和区域内差异对总体差异贡献的大小，区域间贡献率通过区域间泰尔指数与总体泰尔指数的比值计算得出，即 T_b/T；区域内贡献率通过区域内泰尔指数与总体泰尔指数的比值计算得出，即 T_w/T。

3.2.3 以人口为权重的雾霾污染区域差异

基于人口的雾霾污染差异即相当于人均雾霾污染差异，就是从人际公平角度来分析雾霾污染差异问题。本书以 2000 ~ 2015 年中国 30 个省（自治区、直辖市）的数据为样本，根据《中国统计年鉴》中的人口数据，按照东、中和西部区域划分，整理出各区域人口总数。根据式（3 - 1）~ 式（3 - 4），利用泰尔指数方法计算各年度不同区域的以人口为权重的雾霾污染区域差异，同时计算出各年的区域内和区域间差异，结果如表 3 - 1 所示。

表 3 - 1　以人口为权重的雾霾污染的差异

年份	东部区域内差异	中部区域内差异	西部区域内差异	区域间差异	总差异
2000	0.0853	0.0056	0.1825	0.0007	0.2741
2001	0.1089	0.0078	0.1688	0.0034	0.2889
2002	0.0802	0.0074	0.1414	0.0026	0.2316

续表

年份	东部区域内差异	中部区域内差异	西部区域内差异	区域间差异	总差异
2003	0. 0913	0. 0091	0. 1172	0. 0063	0. 2239
2004	0. 0796	0. 0094	0. 1154	0. 0027	0. 2071
2005	0. 0786	0. 0077	0. 1014	0. 0034	0. 1911
2006	0. 1152	0. 0072	0. 1166	0. 0037	0. 2427
2007	0. 0797	0. 0071	0. 0985	0. 0041	0. 189
2008	0. 0889	0. 0076	0. 1019	0. 0038	0. 2022
2009	0. 0960	0. 0085	0. 1010	0. 0038	0. 2093
2010	0. 0800	0. 0071	0. 1095	0. 0010	0. 1976
2011	0. 0962	0. 0070	0. 0892	0. 0026	0. 195
2012	0. 0724	0. 0060	0. 0927	0. 0009	0. 172
2013	0. 0902	0. 0073	0. 1059	0. 0020	0. 2054
2014	0. 0761	0. 0075	0. 0983	0. 0025	0. 1844
2015	0. 0862	0. 0156	0. 0989	0. 0070	0. 2077

3. 2. 4　以经济增长为权重的雾霾污染区域差异

基于经济增长的雾霾污染差异相当于雾霾污染强度差异，就是从经济发展差异角度分析雾霾污染差异问题。根据《中国统计年鉴》中 2000 ~ 2015 年中国 30 个省（自治区、直辖市）国内生产总值数据，按照各地区价格指数折算为 2000 年基期的可比价格。再按照东、中和西部区域划分，整理出各区域国内生产总值，同样根据泰尔指数式（3－1）~式（3－4），计算不同区域在各年度的以经济增长为权重的雾霾污染区域内差异，同时计算各年的区域内和区域间差异，结果如表3－2所示。

表3－2　　以国内生产总值为权重的雾霾污染的差异

年份	东部区域内差异	中部区域内差异	西部区域内差异	区域间差异	总差异
2000	0.0738	0.0108	0.1669	0.0983	0.3498
2001	0.0935	0.0156	0.1544	0.0791	0.3426
2002	0.0691	0.0124	0.1274	0.0718	0.2807
2003	0.0844	0.0091	0.1025	0.0600	0.256
2004	0.0748	0.0154	0.1070	0.0768	0.274
2005	0.0754	0.0152	0.0987	0.0679	0.2572
2006	0.1038	0.0117	0.1091	0.0635	0.2881
2007	0.0782	0.0125	0.0943	0.0605	0.2455
2008	0.0794	0.0120	0.1015	0.0545	0.2474
2009	0.0817	0.0097	0.1040	0.0513	0.2467
2010	0.0677	0.0079	0.1101	0.0608	0.2465
2011	0.0774	0.0075	0.0938	0.0438	0.2225
2012	0.0560	0.0065	0.0974	0.0480	0.2079
2013	0.0760	0.0070	0.1087	0.0396	0.2313
2014	0.0671	0.0068	0.1036	0.0384	0.2159
2015	0.0846	0.0130	0.1006	0.0300	0.2282

3.3 雾霾污染区域差异贡献率

按照泰尔指数的分解方法，计算两者不同权重下东、中、西部区域雾霾污染差异的泰尔指数总差异、组内差异、组间差异以及各自的贡献率。根据贡献率公式，将表3-1中以人口为权重的雾霾污染的各项区域差异除以总差异，分别计算得到各项差异贡献率。同理将表3-2以经济增长为权重的雾霾污染的各项区域差异除以总差异，计算得出各项差异的贡献率（见表3-3）。

表3-3 雾霾污染区域总体差异分解

年份	区域内差异贡献率（%）	区域间差异贡献率（%）	东部贡献率（%）	中部贡献率（%）	西部贡献率（%）
2000	71.90 (99.75)	28.10 (0.25)	21.10 (31.13)	3.10 (2.04)	47.70 (66.58)
2001	76.92 (98.84)	23.08 (1.16)	27.31 (37.68)	4.56 (2.71)	45.06 (58.44)
2002	74.41 (98.87)	25.59 (1.13)	24.61 (34.62)	4.41 (3.21)	45.40 (61.04)
2003	76.58 (97.20)	23.42 (2.80)	32.96 (40.78)	3.57 (4.09)	40.05 (52.34)
2004	71.96 (98.72)	28.04 (1.28)	27.31 (38.44)	5.62 (4.52)	39.03 (55.76)
2005	73.60 (98.20)	26.40 (1.8)	29.31 (41.09)	5.91 (4.05)	38.38 (53.05)
2006	77.95 (98.47)	22.05 (1.53)	36.02 (47.47)	4.06 (2.98)	37.87 (48.02)

续表

年份	区域内差异贡献率（%）	区域间差异贡献率（%）	东部贡献率（%）	中部贡献率（%）	西部贡献率（%）
2007	75.36 (97.81)	24.64 (2.19)	31.85 (42.09)	5.08 (3.76)	38.43 (51.97)
2008	77.98 (98.12)	22.02 (1.88)	32.11 (43.96)	4.84 (3.75)	41.03 (50.41)
2009	79.22 (98.20)	20.78 (1.80)	33.12 (45.86)	3.94 (4.07)	42.17 (48.27)
2010	75.34 (99.5)	24.66 (0.50)	27.46 (40.49)	3.20 (3.59)	44.68 (55.42)
2011	80.31 (98.69)	19.69 (1.31)	34.77 (49.33)	3.38 (3.61)	42.17 (45.75)
2012	76.93 (99.49)	23.07 (0.51)	26.94 (42.10)	3.13 (3.49)	46.87 (53.90)
2013	82.87 (99.05)	17.13 (0.95)	32.85 (43.93)	3.01 (3.53)	47.01 (51.58)
2014	82.22 (98.65)	17.78 (1.35)	31.09 (41.26)	3.14 (4.07)	48.00 (53.31)
2015	86.85 (96.64)	13.15 (3.36)	37.09 (41.52)	5.70 (7.49)	44.06 (47.63)

注：表内为经济增长和人口权重贡献率，括号内数值是以人口为权重的贡献率。

3.4 中国区域雾霾污染差异比较

根据表3－1和表3－2中雾霾污染差异的数据，将两者权重下的雾霾污染差异分别按区域进行对比分析（见图3－1～图3－4）。

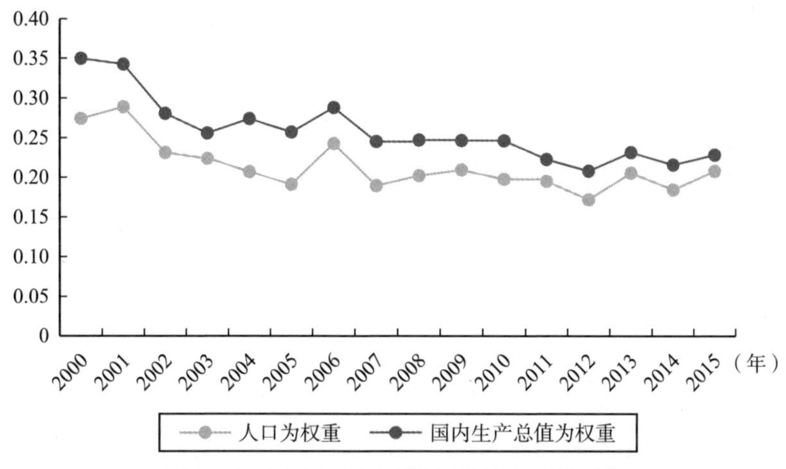

图 3-1　两种权重下雾霾污染泰尔指数对比

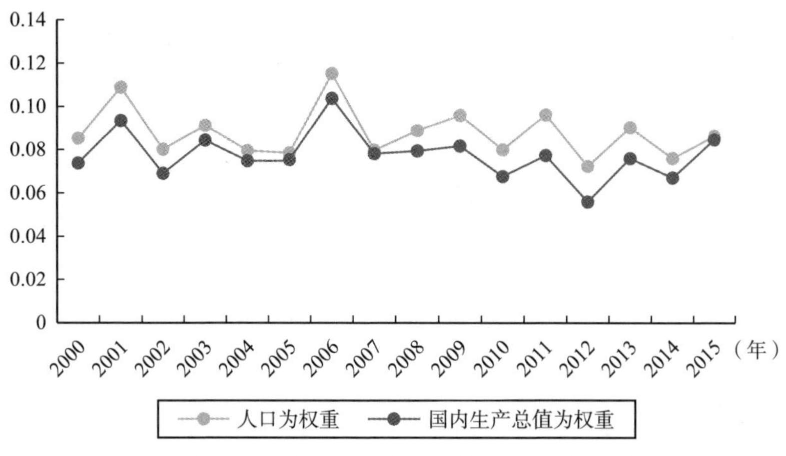

图 3-2　两种权重下东部区域内雾霾污染差异对比

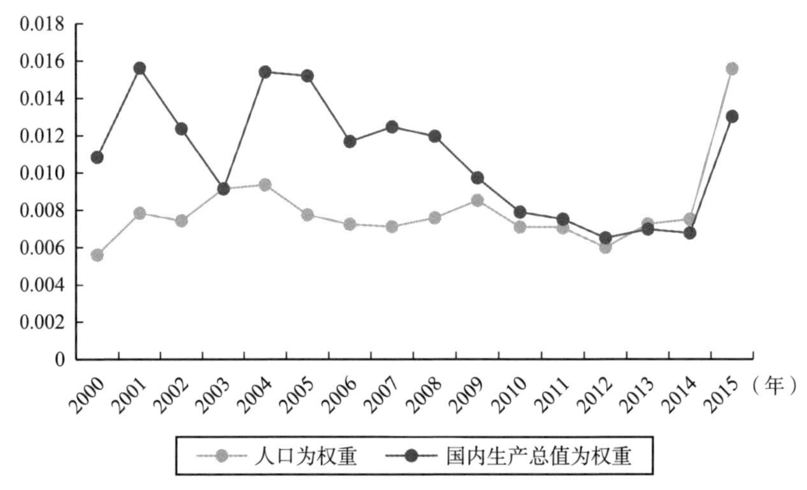

图 3－3　两种权重下中部区域内雾霾污染差异对比

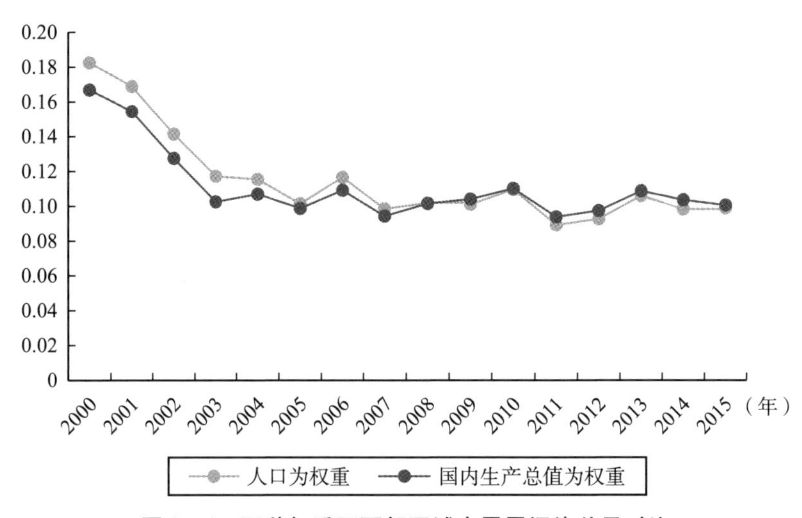

图 3－4　两种权重下西部区域内雾霾污染差异对比

3.4.1　两种权重下中国雾霾污染区域差异分析

根据泰尔指数的计算方法可以知道，区域雾霾污染状况占全国的比例与经济增长或人口占全国的比例两者越接近时，计算得到的泰尔指数越小，反之越大。本书中泰尔指数的大小表明区域范围内雾霾污染差异性的大小，利用泰尔指数进行分解，以国内生产总值为权重的泰尔指数反映了雾霾污染与经济发展水平的匹配程度，T 为雾霾污染强度泰尔指数；以人口为权重的泰尔指数反映了雾霾污染与人口规模的匹配程度，T 则为人均雾霾污染泰尔指数。

泰尔指数的时间序列能够比较各年度差异变化的动态过程，发现三大区域泰尔指数随时间变化呈现不同的特征，从图 3 - 1 可以看出，2000 ~ 2015 年期间，全国各区域雾霾污染泰尔指数总体变化趋势并不稳定，在 2000 ~ 2015 年出现了反复上升和下降，2015 年以国内生产总值和人口为权重的雾霾污染泰尔指数相对于 2000 年雾霾污染差异都相对较低。2000 ~ 2015 年区域雾霾污染差异的总泰尔指数在国内生产总值中的权重和在人口权重下的总泰尔指数除个别年份外，具有相似的上升和下降趋势。以上结论说明随着经济的发展和工业化进程的加快，以及技术的进步和建设节约型社会的一系列措施，雾霾污染的区域差异相对于人口和经济增长有趋同的变化趋势。

3.4.2 两者权重下东、中和西部区域雾霾污染的差异比较

比较东、中、西部区域的区域内差异，可以得出，东部和西部区域的泰尔指数在两种权重下的数值变化最为接近，西部区域两种权重下的数值内差异都呈明显下降的趋势，说明西部区域内部的雾霾污染差异在不断缩小，原因在于西部区域的整体工业化中心较少、分布稀疏，各省域的地区生产总值与人口在全国所占比例较为接近，使得两种不同权重计算的泰尔指数也较为接近。而中部区域两种权重下的泰尔指数差距最大，是因为中部区域工业中心较多，区域内部各省间工业化程度差异较大，各省域内生产总值占全国的比例与人口占全国的比例差距较大。所以采用以两者为权重的泰尔指数对比更能揭示区域内部各省市间较大的经济发展差异，但是在2008年之后开始趋同发展，证明中部区域工业化水平开始协调发展。

以经济增长和人口为权重的区域内泰尔指数中，中部区域的泰尔指数最小，说明中部区域各省、市之间雾霾污染的差异最小。而东部区域的泰尔指数最大，说明相对于中部和西部来说，东部各省、市之间经济发展水平的分布差异表现最为明显。结合经济增长权重和人口权重的雾霾污染强度与人均雾霾污染差异可以发现，东部区域在2000~2015年内部的雾霾污染差异最大，但整体经济发展水平效率最高，降低雾霾污染的潜力也最大。

在整个研究跨度中，2003年和2006年各区域都分别出现了雾霾污染差异明显变化的趋势，2003年以经济增长为权重的中部和西

部雾霾污染差异都明显出现上升趋势，这可能是由于2003年中部和西部重工业在我国工业生产中的比重开始了新一轮高速增长。2006年东、中、西部区域的雾霾污染差异总体明显下降，证明我国在降低雾霾污染工作上取得了较好的成就。但是2014年东部和中部区域两种权重下的雾霾污染泰尔指数都显著上升，2013年我国经济发展以稳增长为主，还处于绿色发展的转型关键期，从而造成了两种权重下东部和中部区域的泰尔指数都具有急剧上升的趋势，导致东部和中部区域内的人均雾霾污染差距不断扩大，这个现象也给未来的经济发展以警示。

3.4.3　两种权重下区域雾霾污染差异贡献率比较

贡献率的大小能够反映该因素对总体差异的影响程度，为了更方便地反映东、中、西部三大区域雾霾污染差异对全国雾霾总差异的影响，进一步分析三大区域间以及三大区域内部雾霾污染差异对全国雾霾污染分布差异的影响，根据表3－1和表3－2，采用柱状图的方法来描述各区域内差异和区域间差异对中国雾霾污染总差异的贡献率。

由图3－5、图3－6可以明显看出，中国雾霾污染的总体差异主要是由区域内差异带来的，以国内生产总值为权重的区域内差异的贡献率在上升，这主要是由西部区域内差异贡献率导致的；以经济增长为权重的区域内差异占总体差异的贡献率在下降，主要的原因是西部区域内雾霾污染差异贡献率降低；以经济增长为权重的区域内雾霾污染差异主要是由西部和东部区域内部差异引起的，以人口

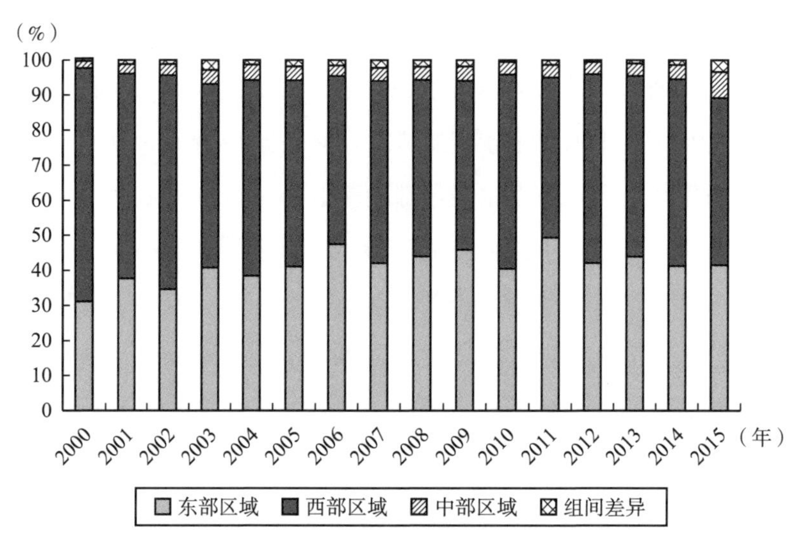

图 3-5　以人口为权重的雾霾污染的差异贡献图

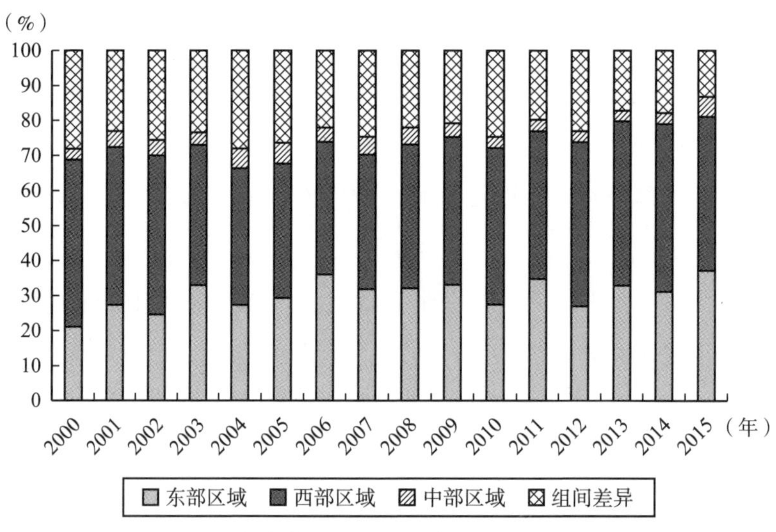

图 3-6　以国内生产总值为权重的雾霾污染的差异贡献图

为权重的区域内雾霾污染差异中，西部区域内差异所占比重最大，也是引起以人口为权重的雾霾污染差异的主要原因。总体来看，以人口为权重的区域间差异贡献率增加，以经济增长为权重的区域间差异的贡献率变小，证明我国西部大开发、振兴东北老工业基地以及中部崛起等一系列针对各区域发展的经济政策已经取得了阶段性的成效。因此未来在总结经验教训的基础上，应充分考虑能源的生态价值，同时扩大内需促进国民经济整体增长，积极促进全国各区域经济协调发展，实现中国共同富裕的同时，通过技术创新提高生产效率，从而降低雾霾污染程度。

3.5 本章小结

本章首先确定 2000 ~ 2015 年中国 30 个省、自治区、直辖市以及根据传统方式划分的东、中、西部三大区域的雾霾污染指标，根据泰尔指数的测算方法，测算基于人口为权重和以经济增长为权重的泰尔指数。中国区域雾霾污染表现出明显的区域差异性，以人口为权重和以经济增长为权重的雾霾排放差异总体出现下降的趋势。研究结果表明：

（1）通过对中国区域雾霾污染的总体差异分解分析发现，总体差异主要来自东、中、西部区域内差异。以经济增长为权重的雾霾污染差异大于以人口为权重的差异，以人口为权重的雾霾污染差异主要是西部区域内差异产生的，但是呈逐渐下降的趋势，证明人均雾霾污染公平问题还是雾霾污染分配中的重要问题。以经济增长为权重的差异主要也是由西部区域内部省际差异所引起的。但是两种权重下中部区域雾霾污染的差异变化比较大，证明中部区域受到各省经济发展水平和工业化程度差异较大的因素影响，因此在制定国家省级降污目标时，应该考虑不同区域的特征，合理分配污染治理指标。同时我国应该加强区域间经济技术交流与合作，提高国家整体经济发展水平和效率，在制定雾霾污染相关政策时，应该充分发挥各区域资源禀赋和技术条件的优势，西部区域在向其他区域输送资源产品的同时，提高西部区域自身经济发展水平，提高技术水平来加快西部区域经济建设，实现我国整体经济的和谐发展。

（2）通过对中国区域内雾霾污染差异分析可以看出，两种权重下的西部区域内差异总体都呈显著下降的趋势，可以看出我国节能降污工作已取得一定的成绩。但是中部区域以人口为权重和以经济发展为权重的雾霾污染差异都呈上升的趋势，证明这些年西部大开发已经取得了一定的成效，应该在加快经济建设的同时加强节能降污的工作，实现绿色 GDP 的发展。以经济增长为权重的雾霾污染差异主要是由各区域内部工业化程度不同导致的。所以，缩小区域内雾霾污染的差异应将工作重点放在提高工业部门能源效率上，通过提高能源效率和调整产业结构，研究和开发利用清洁能源，建立高能效的新型产业结构，实现我国整体降低雾霾污染的目标。

（3）经济发展水平和经济结构的区域差异性必然导致区域雾霾污染表现出显著的差异性，因此，我国限制雾霾污染的推进和实施必须制定相应的区域政策。由于产业结构和能源消费结构的调整，我国雾霾污染治理卓有成效，各省份雾霾污染直接影响所在区域的环境。对于差异相对稳定并且较小的区域采取相同或相似的经济政策，以达到节省人力和财力的目的。对于差异较大区域中经济发展水平较高和降污潜力较大的区域，建议国家加大财政政策转移支付力度，加快实现低雾霾技术的推进。同时，应该进一步改革和完善各项和节能降污相关的税收政策和绿色金融机制，通过财政、税收以及雾霾污染交易等措施，促进区域加快调整资源节约型产业结构，实现国家范围的总体降低污染的绿色经济转型。

第4章

中国雾霾污染的影响因素分析

中国雾霾污染是广泛存在的复杂问题，是一个涉及的方面比较多并影响和谐发展的重要问题。中国有30多个省（自治区、直辖市），具体环境不同，因此不同省域雾霾污染的影响因素也不同，需要因地制宜采取不同的治理方法，运用科学的理论来分析解决实际问题。灰色理论这门新的学科恰好能够满足这些条件，在环境问题研究方面应用比较广泛。本章参考国际权威组织发布的雾霾污染数据确定我国不同省域的雾霾污染状况，选取中国30个省（自治区、直辖市）作为研究对象，采用灰色理论系统分析中国不同省域雾霾与主要影响因素的关联，为后续研究提供依据。

4.1 中国雾霾污染的相关影响因素

本书根据我国的特殊国情，考虑数据的可获得性和完整性，借鉴国内外学者关于雾霾污染及其影响因素相关文献的研究结果，确定了人口、经济增长、技术进步、产业结构、金融发展、能源价格、国际贸易、城镇化率和财政分权九个雾霾的主要影响因素，实证研究我国不同区域雾霾量与各影响因素的灰色关联关系。

1. 人口

人口是内容复杂并且综合多种社会关系的社会实体，具有多种社会构成、社会关系、经济构成和经济关系。一切社会关系、社会活动、社会问题都和人口发展的过程有关。人口是社会生产活动的基础和主体，但是经济发展水平不同、社会发展条件不同和人口发展过程不同，人们对人口现象的认识和反映也就不同。一般来讲，人口数量对环境污染具有正向影响。人口数量越多，消耗的能源越多，同时也会产生更多的污染物。但是在现实生活中，随着技术水平的发展和人们对环境影响认识的提高，人口指标对环境污染产生负向影响，并且由于区域的发展状况不同，人口对于环境的作用机理也不同。

2. 经济增长

经济增长是衡量国家和区域经济发展规模和速度的指标，是经济发展阶段和潜力的标准。通常用国民收入、经济发展速度、国民生产总值、人均国民收入和经济增长速度等指标来反映一个国家或区域经济发展水平。经济发展需要大量能源的投入，能源消耗的同时可能会造成污染物的产生，从而导致环境污染的加剧。但是随着经济的发展，人们消费观念的改变，对生活质量以及环境质量有较高的要求，公众更加喜欢购买绿色环保产品，从而促进了产业结构的调整，同时淘汰了高能耗、高污染的落后行业和企业，发展第三产业，降低对环境的影响。经济发展和技术进步使国家和社会能够投入更多的资金去进行新产品的研发，从而提高生产技术水平、能源利用效率，降低能源效应，加快环境改善的步伐。

3. 技术进步

狭义的技术进步是指中间产品投入品、制造技术和生产工艺等方面的革新和改进，表现为采用新工艺、使用新原料等方面。广义的技术进步是指技术所涵盖的知识积累和改进。技术进步的途径主要表现在三个方面，包括技术创新、技术转移和技术扩散，由于技术进步是无形的变量，所以不能直接度量，现在文献中技术进步的指标通常采用全要素进步（total factor productivity，TFP）、R&D 投入和专利数量三种指标衡量。技术进步一般反映在创新的活动中，专利数据作为创新的测算指标主要是反映技术进步水平。本书也采用专利数量代替技术水平指数来衡量技术进步发展水平。技术进步不但能够直接降低能源消耗，降低碳排放，而且通过技术进步能够提高环境污染的治理水平，从而改善环境状况。

4. 产业结构

产业结构又称国民经济的部门结构，是指国民经济中各产业部门之间及其内部的构成，反映一个国家或区域的产业变化趋势和比重关系。不同的产业结构导致能源消耗的类型和结构也不尽相同，从而影响区域环境。通过产业结构的调整可以减少一次能源消耗量，同时降低对环境的影响，我国第二产业比重较高是导致能源消耗较大同时导致环境污染加剧的主要原因，产业结构升级优化会降低能源消费的强度，同时降低对环境污染的程度。现阶段还是以煤炭为主的能源消费结构，因此为了降低煤炭等高污染的能源消耗，就需要调整产业结构，增加风能、太阳能等清洁能源的投入，逐步摆脱中国对煤炭和石油等一次性能源的依赖。

5. 金融发展

金融发展是指金融结构的变化，包括短期变化和长期变化，金融发展有助于资本的集中和集聚，同时提高资源的使用效率，提高社会经济效率。随着我国金融市场快速发展，对环境的作用也在不断加强。金融发展指标作为间接影响环境的影响因素，能够调整企业的投资意向，但是金融发展对雾霾起到何种作用，目前没有形成一致的观点，假设不同区域都积极采取调整金融政策来促进经济可持续发展，金融发展对降低雾霾污染也将具有促进作用。

6. 能源价格

能源价格作为影响能源消费的政策性因素，主要包括煤炭、电力和石油等产品的价格，这些能够影响人们对能源的消费量。能源价格政策鼓励节约，促进生产，促使能源得到充分合理的有效利用。各国政府往往采取行政和经济政策进行干预和调控。我国的环境政策将能源价格作为主要调节政策，通过一次能源价格上涨和新能源政策性补贴，可以提高人们的环境保护意识，促使人们自觉地节约能源、使用环保能源、降低污染物排放。

7. 国际贸易

国际贸易是指跨越国家边境的货物和服务的交易，一般包括出口贸易和进口贸易两种形式，也称为进出口贸易。中国作为世界工厂，一般认为国际贸易会加剧我国环境污染。发达国家为了降低对本国的环境影响，往往将一些污染严重的生产转到发展中国家，导致东道国能源被大量消耗，环境遭到严重破坏。国际贸易对经济增长等其他因变量产生双重的作用，国际贸易促进经济增长，也会让发展中国家具有更多治理环境的资金，从而引进先进的设备和技术，提高能源效率和清洁能源利用率，降低对环境的污染，但也可能因此成为其他国家的污染避难所。

8. 城镇化率

城镇化的含义相对宽泛，一般是指人口城市化，是指城市规模的扩大和数量的增加，由农业为主的乡村社会向以工业和服务以及高新技术产业等为主的现代化城市转变的过程。城市作为资源的集中地，同时成为能源消耗和环境污染的集中地，因此城镇化发展水平是影响碳排放的一个主要因素。城镇化发展对环境的影响可以从不同的方面来考虑，通过人们环保意识的提高和生活习惯的改变，可能促使人口产生较少的环境污染，也可能因为城市的生活条件较好，从而减少能源总量的消耗，降低对环境的污染。

9. 财政分权

财政分权是指国家给予地方政府税收权利和支出责任范围，同时允许地方政府自主决定预算决策支出规模和结构，基层地方政府能够自由选择需要的政策类型，并且积极参与到社会管理中，目的是使地方政府提供更好更多的服务，因此财政分权能够反映地方政府财政的自主性。一般理论认为，财政分权度越高，自主性相对就较大，国内外现有研究认为财政分权对区域环境的影响也有很大不同。

4.2 灰色系统理论介绍

邓聚龙教授针对经济统计中的回归分析方法大都只用于少因素的、线性的问题，创立了灰色系统理论，专门解决多因素和非线性的问题。灰色系统理论是专门针对研究少数据、信息不确定性问题做系统分析的新理论，灰色关联分析的方法充分考虑了其他各种分析方法的种种弊病和不足，弥补了采用计量统计方法作分析所导致的缺憾。它对样本量的多少和样本都适用，并且计算量相对较小，应用起来也十分方便，更不会出现量化结果与定性分析结果不符的情况。

灰色关联分析的指导思想是根据序列曲线几何形状的相似程度来判断其联系密切的方法。曲线之间越接近证明相应序列之间的关联度就越大，反之关联度就小。关联度分析事实上是一个系统的动态发展变化过程态势的量化分析，即系统动态过程发展态势的量化比较分析。因为灰色系统模型对试验观测数据没有特殊的要求和限制，所以灰色系统模型的应用领域十分广泛，可以应用到各个领域。

4.2.1　雾霾污染影响因素的灰色关联分析模型

根据以上分析，本节采用灰色关联分析方法分析雾霾污染与人口、经济增长、技术进步、产业结构、金融发展、能源价格、国际贸易、城镇化率和财政分权的关系，建立对应时间序列数据灰色关联度，反映我国雾霾污染与人口、经济增长、技术进步、产业结构、金融发展、能源价格、国际贸易、城镇化率和财政分权的动态关联程度，然后计算中国雾霾污染与人口、经济增长、技术进步、产业结构、金融发展、能源价格、国际贸易、城镇化率和财政分权的综合关联度，从整体上系统研究它们之间的关系。

4.2.2 模型建立

1. 灰色绝对关联度模型

假设 X_0 与 X_i 的长度相同且都为同一时距之和序列，$X_0^0=(x_0^0(1), x_0^0(2), \cdots, x_0^0(n))$，$X_i^0=(x_i^0(1), x_i^0(2), \cdots, x_i^0(n))$ 分别是 X_0 和 X_i 的始点零化像，ε_{0i} 为 X_0 与 X_i 的灰色绝对关联度，反映折线 X_0 与 X_i 的相似程度，在本书中可表示雾霾污染与人口、经济增长、技术进步、产业结构、金融发展、能源价格、国际贸易、城镇化率和财政分权之间的近似程度，记为 ε_{0i}。

计算公式如下：

$$\varepsilon_{0i}=\frac{1+|s_0|+|s_i|}{1+|s_0|+|s_i|+|s_i-s_0|} \tag{4-1}$$

其中，$|s_0|=\left|\sum_{k=2}^{n-1}x_0^0(k)+\frac{1}{2}x_0^0(n)\right|$，$|s_i|=\left|\sum_{k=2}^{n-1}x_i^0(k)+\frac{1}{2}x_i^0(x)\right|$

$$|s_i-s_0|=\left|\sum_{k=2}^{n-1}(x_i^0(k)-x_0^0(k))+\frac{1}{2}(x_i^0(n)-x_0^0(n))\right|$$

2. 灰色相对关联度模型

假设序列 X_0 与 X_i 的长度相同且初值都不为零，X_0'，X_i'分别为 X_0，X_i 的初值像，那么就称 X_0'与 X_i'的灰色绝对关联度为 X_0 与 X_i 的灰色相对关联度，记为 γ_{0i}。

计算公式如下：

$$\gamma_{0i} = \frac{1 + |s_0'| + |s_i'|}{1 + |s_0'| + |s_i'| + |s_i' - s_0'|} \tag{4-2}$$

其中，$|s_0'| = \left| \sum_{k=2}^{n-1} x_0'^0(k) + \frac{1}{2} x_0'^0(n) \right|$，$|s_i'| = \left| \sum_{k=2}^{n-1} x_i'^0(k) + \frac{1}{2} x_i'^0(n) \right|$

$$|s_i' - s_0'| = \left| \sum_{k=2}^{n-1} (x_i'^0(k) - x_0'^0(k)) + \frac{1}{2}(x_i'^0(n) - x_0'^0(n)) \right|$$

灰色相对关联度是序列 X_0 与 X_i 相对于始点的变化速率之联系的表征。它去除了初始情况对序列 X_0 与 X_i 的影响，动态地去分析雾霾污染与人口、经济增长、技术进步、产业结构、金融发展、能源价格、国际贸易、城镇化率和财政分权之间的关联程度，若 X_0 与 X_i 的变化速率越接近，r_{0i}越大，相应的变量之间的关系就越密切，反之，对应的关联程度就越低。

3. 灰色综合关联度模型

假设序列 X_i 与 X_j 长度相同且初值都不为 0，ε_{ij}，γ_{ij}分别为 X_i 与 X_j 的灰色绝对关联度和灰色相对关联度，$\theta \in [0, 1]$，那么就称 $\rho_{ij} = \theta\varepsilon_{ij} + (1 - \theta)\gamma_{ij}$ 为序列 X_i 与 X_j 的灰色综合关联度。灰色综合关联度能够全面地表征序列之间的联系是否紧密，既能体现 X_0 与 X_i 的相似程度，又反映出 X_0 与 X_i 相对于始点的变化速率的接近程度，是较为全面地反映中国雾霾污染与人口、经济增长、技术进步、产业结构、金融发展、能源价格、国际贸易、城镇化率和财政分权之间紧密程度的一个数量指标。一般情况下取 $\theta=0.5$，记为 ρ_{ij}。

计算公式如下：

$$\rho_{ij}=0.5\varepsilon_{ij}+0.5\gamma_{ij} \tag{4-3}$$

4.2.3 实证测算

为了更好地诠释雾霾污染与影响因素之间的关系，以北京市数据为例来详细说明雾霾污染与各影响因素之间灰色关联度的计算过程。其中，母序列 X_0 与比较序列 X_i 数值分别为：

X_0 =(32.64，45.48，41.43，48.52，47.64，46.34，63.60，55.98，54.98，55.72，49.62，54.98，48.92，58.40，52.04，56.40)

X_1 =(1364，1385，1423，1456，1493，1538，1581，1633，1695，1755，1962，2019，2069，2115，2152，2171)

X_2 =(3161.7，3596.51，4261.60，4933.89，5888.92，6705.60，7741.52，9169.39，9851.84，10940.36，12407.55，13524.58，14409.22，15447.93，16376.30，17348.04)

X_3 =(5905，6246，6345，8248，9005，10100，11238，14954，17747，22921，33511，40888，50511，62671，74661，94031)

X_4 =(38.1，36.2，34.8，35.8，37.6，29.5，27.8，26.8，25.7，23.5，24，23.1，22.7，22.3，21.3，19.7)

X_5 =(5944.6，7202.9，9602.6，12058，113578，15335，18131，19681，23010.7，31052.9，36479.6，39660.5，43189.5，47880.9，

53650.6，58559.4）

X_6 =（100，100.5，97.1，104.7，114.2，111.4，105.5，105，115.8，88.6，110.5，108.4，98.7，97.8，98.8，93.7）

X_7 =（20.0754，17.6649，15.9917，16.4638，17.9949，21.6227，24.4852，23.3490，21.6936，16.3865，14.7334，12.5684，11.0323，10.5910，9.3660，7.9546）

X_8 =（77.5447，78.0597，78.5554，79.0511，79.5337，83.62，84.33，84.5，84.9，85，85.96，86.2，86.2，86.3，86.35，86.5）

X_9 =（2.8，3，2.8，3，3.2，3.1，3.2，3.3，3.1，3，3，3，2.9，3，3，3.3）

根据式（4－2）可以得到北京市雾霾污染与人口、经济增长、技术进步、产业结构、金融发展、能源价格、国际贸易、城镇化率和财政分权之间的绝对关联度为：

$\varepsilon_{01} = 0.5373$，$\varepsilon_{02} = 0.5020$，$\varepsilon_{03} = 0.5010$，$\varepsilon_{04} = 0.7244$，$\varepsilon_{05} = 0.5028$，$\varepsilon_{06} = 0.6491$，$\varepsilon_{07} = 0.5028$，$\varepsilon_{08} = 0.5005$，$\varepsilon_{09} = 0.5000$

根据式（4－3）可以得到北京市雾霾污染与人口、经济增长、技术进步、产业结构、金融发展、能源价格、国际贸易、城镇化率和财政分权之间的相对关联度为：

$r_{01} = 0.8877$，$r_{02} = 0.8260$，$r_{03} = 0.8123$，$r_{04} = 0.7709$，$r_{05} = 0.9180$，$r_{06} = 0.8504$，$r_{07} = 0.9060$，$r_{08} = 0.7303$，$r_{09} = 0.7263$

根据式（4－4）可以得到北京市雾霾污染与人口、经济增长、技术进步、产业结构、金融发展、能源价格、国际贸易、城镇化率和财政分权的综合关联度为：

$\rho_{01} = 0.7125$，$\rho_{02} = 0.6640$，$\rho_{03} = 0.6567$，$\rho_{04} = 0.7477$，

$\rho_{05}=0.7104$，$\rho_{06}=0.7498$，$\rho_{07}=0.7044$，$\rho_{08}=0.6154$，$\rho_{09}=0.6132$

按照以上步骤，可以计算得出其他省（自治区、直辖市）雾霾污染与人口、经济增长、技术进步、产业结构、金融发展、能源价格、国际贸易、城镇化率和财政分权之间的关联度。灰色绝对关联度和灰色相对关联度如表4－1和表4－2所示。

表4－1　全国主要省（自治区、直辖市）雾霾污染和影响因素的灰色绝对关联度

地区	人口	经济增长	技术进步	产业结构	金融发展	能源价格	国际贸易	城镇化率	财政分权
北京	0.5373	0.5020	0.5010	0.7244	0.5029	0.6491	0.5028	0.5005	0.5000
天津	0.6065	0.5043	0.5033	0.5802	0.4986	0.5108	0.5294	0.5022	0.5000
河北	0.5420	0.5013	0.5030	0.5639	0.4851	0.6289	0.5110	0.5011	0.5001
辽宁	0.5783	0.5015	0.5017	0.5302	0.4875	0.5339	0.5096	0.5004	0.5000
上海	0.5321	0.5023	0.5007	0.5233	0.5025	0.5509	0.5329	0.5010	0.5000
江苏	0.5337	0.5009	0.5003	0.5664	0.4973	0.5257	0.5340	0.5004	0.5000
浙江	0.5070	0.5003	0.5001	0.5067	0.5145	0.7154	0.5229	0.5004	0.5000
福建	0.5211	0.5009	0.5007	0.8486	0.4921	0.9345	0.5205	0.5009	0.5000
山东	0.5348	0.5009	0.5007	0.6212	0.4930	0.5146	0.5062	0.5006	0.5000
广东	0.5075	0.5004	0.5002	0.5371	0.5003	0.8017	0.5034	0.5002	0.5000
海南	0.5784	0.5067	0.5710	0.8991	0.4755	0.8610	0.5173	0.5158	0.5022
山西	0.5363	0.5018	0.5046	0.8324	0.4864	0.7384	0.5033	0.5011	0.5003
吉林	0.6450	0.5023	0.5056	0.6299	0.4911	0.6041	0.5134	0.5017	0.5001
黑龙江	0.6397	0.5008	0.5011	0.9627	0.4684	0.7281	0.5253	0.5004	0.5000
安徽	0.8843	0.5028	0.5022	0.5866	0.4921	0.5949	0.5179	0.5014	0.5001
江西	0.5413	0.5029	0.5076	0.9091	0.4867	0.6754	0.5035	0.5019	0.5002
河南	0.7356	0.5013	0.5018	0.6995	0.4866	0.5443	0.5997	0.5007	0.5001

续表

地区	人口	经济增长	技术进步	产业结构	金融发展	能源价格	国际贸易	城镇化率	财政分权
湖北	0.5682	0.5009	0.5008	0.7168	0.5289	0.5209	0.5075	0.5004	0.5000
湖南	0.6189	0.5018	0.5021	0.5784	0.4861	0.5242	0.5046	0.5010	0.5001
内蒙古	0.5124	0.5002	0.5015	0.5645	0.4115	0.8894	0.5203	0.5010	0.5007
广西	0.8521	0.5030	0.5103	0.6201	0.4909	0.6769	0.5261	0.5064	0.5002
重庆	0.7247	0.5021	0.5011	0.7641	0.4889	0.5487	0.5198	0.5025	0.5001
四川	0.5156	0.5007	0.5004	0.6420	0.4790	0.7506	0.5050	0.5015	0.5000
贵州	0.5610	0.5030	0.5049	0.6460	0.4895	0.6883	0.5043	0.5016	0.5002
云南	0.5094	0.5012	0.5027	0.5238	0.4950	0.9626	0.5016	0.5020	0.5002
陕西	0.5223	0.5004	0.5005	0.6731	0.4279	0.7078	0.5019	0.5012	0.5001
甘肃	0.5283	0.5009	0.5020	0.9723	0.4303	0.6457	0.5093	0.5033	0.5003
宁夏	0.5639	0.5068	0.5129	0.8254	0.4883	0.7092	0.5079	0.5105	0.5003
青海	0.6493	0.5131	0.5690	0.9389	0.4835	0.8318	0.5052	0.5080	0.5018
新疆	0.5156	0.5022	0.5050	0.7255	0.4681	0.9685	0.5217	0.5015	0.5004

表4-2　全国主要省（自治区、直辖市）雾霾污染和影响因素的灰色相对关联度

地区	人口	经济增长	技术进步	产业结构	金融发展	能源价格	国际贸易	城镇化率	财政分权
北京	0.8877	0.8260	0.8123	0.7709	0.9180	0.8504	0.9060	0.7303	0.7263
天津	0.8924	0.7917	0.7404	0.8813	0.9616	0.8595	0.9764	0.7463	0.6913
河北	0.8771	0.8458	0.8915	0.8802	0.8414	0.8801	0.8219	0.8557	0.8168
辽宁	0.8260	0.9172	0.9517	0.8245	0.8682	0.8226	0.9736	0.7825	0.7977
上海	0.8853	0.9013	0.6638	0.8152	0.9454	0.8153	0.9022	0.7882	0.6150
江苏	0.8528	0.8328	0.6182	0.8558	0.9758	0.8377	0.8044	0.7742	0.6017
浙江	0.9578	0.7642	0.6133	0.9270	0.8677	0.9193	0.8444	0.7552	0.6231

续表

地区	人口	经济增长	技术进步	产业结构	金融发展	能源价格	国际贸易	城镇化率	财政分权
福建	0.8704	0.8696	0.7835	0.8898	0.9961	0.8328	0.9350	0.7985	0.6871
山东	0.8530	0.8274	0.7593	0.8735	0.8950	0.8446	0.9277	0.8280	0.6932
广东	0.8421	0.8643	0.7542	0.8201	0.8197	0.7964	0.9923	0.7549	0.6425
海南	0.8289	0.9246	0.8561	0.8913	0.8261	0.8002	0.9096	0.9309	0.9105
山西	0.8786	0.7979	0.8433	0.9070	0.8307	0.8798	0.9799	0.7518	0.8327
吉林	0.8396	0.8698	0.9995	0.8535	0.7849	0.8139	0.7421	0.6515	0.6474
黑龙江	0.9070	0.8613	0.8596	0.8830	0.8542	0.8998	0.9588	0.8026	0.7948
安徽	0.8437	0.8734	0.7127	0.8638	0.8938	0.8523	0.9509	0.8250	0.6706
江西	0.8116	0.8854	0.9591	0.8932	0.8028	0.8137	0.9244	0.8063	0.8385
河南	0.8001	0.9055	0.8533	0.8337	0.7981	0.8032	0.8411	0.8243	0.7463
湖北	0.9290	0.7914	0.7048	0.9017	0.8336	0.9245	0.9400	0.7638	0.6894
湖南	0.8350	0.8732	0.8421	0.8543	0.8431	0.8360	0.9441	0.8134	0.8107
内蒙古	0.9822	0.6788	0.8657	0.9390	0.9099	0.9682	0.8562	0.6929	0.9431
广西	0.7886	0.9252	0.9404	0.8119	0.8353	0.8006	0.9273	0.6547	0.8646
重庆	0.8809	0.8196	0.6604	0.9216	0.9527	0.8806	0.9383	0.8089	0.6699
四川	0.8458	0.8668	0.7248	0.8651	0.8990	0.8620	0.8156	0.9062	0.6901
贵州	0.8829	0.8160	0.8353	0.9065	0.9753	0.8972	0.9459	0.7800	0.8171
云南	0.9077	0.8639	0.9109	0.8885	0.9796	0.9026	0.9615	0.8565	0.7869
陕西	0.9674	0.6994	0.6938	0.9173	0.9800	0.9511	0.9832	0.7504	0.7439
甘肃	0.9849	0.7874	0.7957	0.9945	0.9737	0.9584	0.9453	0.8394	0.8193
宁夏	0.9178	0.6948	0.7357	0.9176	0.8780	0.9398	0.9373	0.7708	0.8228
青海	0.8502	0.8602	0.9876	0.8842	0.8623	0.8507	0.9525	0.7716	0.9748
新疆	0.9758	0.8065	0.8310	0.9599	0.9299	0.9157	0.7680	0.7947	0.8823

同样根据以上步骤，计算得出各省（自治区、直辖市）雾霾污染与人口、经济增长、技术进步、产业结构、金融发展、能源价格、国际贸易、城镇化率和财政分权的灰色综合关联度和综合关联度的比较结果，如表4-3所示。

表4-3　全国主要省（自治区、直辖市）雾霾污染和影响因素的灰色综合关联度

地区	人口	经济增长	技术进步	产业结构	金融发展	能源价格	国际贸易	城镇化率	财政分权
北京	0.7125	0.6640	0.6567	0.7477	0.7104	0.7498	0.7044	0.6154	0.6132
天津	0.7494	0.6480	0.6219	0.7073	0.7301	0.6851	0.7529	0.6243	0.5957
河北	0.7095	0.6736	0.6972	0.7221	0.6767	0.7546	0.6665	0.6784	0.6585
辽宁	0.7022	0.7093	0.7267	0.6774	0.6638	0.6782	0.7416	0.6414	0.6489
上海	0.7087	0.7018	0.5823	0.6693	0.6387	0.6831	0.7175	0.6446	0.5575
江苏	0.6933	0.6668	0.5593	0.7111	0.7240	0.6817	0.6692	0.6374	0.5509
浙江	0.7324	0.6322	0.5567	0.7168	0.6910	0.8174	0.6836	0.6278	0.5616
福建	0.6958	0.6852	0.6421	0.8693	0.7441	0.8837	0.7277	0.6497	0.5936
山东	0.6939	0.6642	0.6300	0.7344	0.6940	0.6796	0.7170	0.6643	0.5966
广东	0.6748	0.6824	0.6272	0.6786	0.6600	0.7991	0.7479	0.6276	0.5713
海南	0.7036	0.7157	0.7136	0.8952	0.6508	0.8306	0.7134	0.7233	0.7064
山西	0.7074	0.6499	0.6739	0.8697	0.6586	0.8091	0.7416	0.6265	0.6665
吉林	0.7423	0.6860	0.7526	0.7417	0.6380	0.7170	0.7225	0.6447	0.6878
黑龙江	0.7734	0.6810	0.6803	0.9228	0.6613	0.8139	0.7421	0.6515	0.6474
安徽	0.8640	0.6881	0.6074	0.7252	0.6930	0.7236	0.7344	0.6632	0.5853
江西	0.6765	0.6941	0.7333	0.9011	0.6447	0.7445	0.7140	0.6541	0.6693
河南	0.7679	0.7034	0.6775	0.7666	0.6423	0.6737	0.7204	0.6625	0.6232
湖北	0.7486	0.6462	0.6028	0.8092	0.6813	0.7227	0.7237	0.6321	0.5947

续表

地区	人口	经济增长	技术进步	产业结构	金融发展	能源价格	国际贸易	城镇化率	财政分权
湖南	0.7270	0.6875	0.6721	0.7163	0.6646	0.6801	0.7243	0.6572	0.6554
内蒙古	0.7473	0.5895	0.6836	0.7518	0.6607	0.9288	0.6882	0.5969	0.7219
广西	0.8203	0.7141	0.7254	0.7160	0.6631	0.7387	0.7267	0.5806	0.6824
重庆	0.8028	0.6609	0.5807	0.8428	0.7208	0.7416	0.7291	0.6557	0.5850
四川	0.6807	0.6838	0.6126	0.7536	0.6890	0.8063	0.6603	0.7038	0.5951
贵州	0.7219	0.6595	0.6701	0.7763	0.7324	0.7928	0.7251	0.6408	0.6587
云南	0.7085	0.6826	0.7068	0.7061	0.7373	0.9326	0.7316	0.6792	0.6436
陕西	0.7449	0.5999	0.5971	0.7952	0.7040	0.8295	0.7425	0.6258	0.6220
甘肃	0.7566	0.6441	0.6488	0.9833	0.7020	0.8020	0.7273	0.6713	0.6598
宁夏	0.7408	0.6008	0.6243	0.8715	0.6832	0.8245	0.7226	0.6406	0.6616
青海	0.7498	0.6866	0.7783	0.9115	0.6729	0.8413	0.7289	0.6398	0.7383
新疆	0.7457	0.6544	0.6680	0.8427	0.6990	0.9421	0.6449	0.6481	0.6914

4.3 实证结果分析

根据表4－1、表4－2和表4－3中的灰色关联度，可以看出中国各区域的雾霾与不同影响因素的关联各不相同。综合表4－1、表4－2和表4－3中雾霾污染与人口、经济增长、技术进步、产业结构、金融发展、能源价格、国际贸易、城镇化率和财政分权的关联分析结果，可以得出如下结论：

（1）从静态的角度去分析，可以发现雾霾污染与能源价格的灰色绝对关联度普遍较高，最高为新疆和云南，分别为0.9685和

0.9626。产业结构和雾霾污染绝对关联为关系第二大的因素，第三大因素是人口。雾霾污染与财政分权的绝对关联度全部较低，大多为 0.5000。消除初始因素的影响，从灰色相对关联度角度分析可以看出，大多数区域的雾霾污染与能源价格的灰色绝对关联度最高，但是经济相对发达的区域如北京、上海等地区的雾霾污染与经济增长的相对关联度就低于雾霾污染与城镇化率和人口的灰色相对关联度。

（2）从具体省域来看，山东、山西和黑龙江等 10 个省（自治区、直辖市）雾霾污染与产业结构的灰色综合关联关系最大；北京、河北和浙江等 11 个省（自治区、直辖市）雾霾污染与能源价格的灰色综合关联度最高；浙江、湖南和广西的雾霾污染与人口的关联度较高；江苏的金融发展与雾霾污染的灰色综合关联度最强。目前中国正处于城镇化快速发展的阶段，但是北京、天津等地雾霾污染与城镇化的关联度并不高；雾霾污染与财政分权灰色综合关联度较低。可以看出不同省（自治区、直辖市）划分下雾霾污染与影响因素关联性完全不同，经济发展阶段和经济发展特征不同，雾霾污染与影响因素的关联性也不同，因此不能采取全国范围内统一的雾霾污染治理政策。

（3）灰色关联系统分析的结果与实际情况基本吻合，大多数区域雾霾与产业结构和能源价格的综合关联度最高，其次是人口和国际贸易的因素，技术进步对雾霾量的关联度没有达到预期的目标。经济相对发达的区域雾霾污染与经济增长的灰色综合关联度较小。金融发展的灰色相对关联度较高，但是绝对关联度较低，能源价格则刚好相反，并且我国各省域能源价格对雾霾污染的影响较大，应该引起足够的重视，通过调节能源价格抑制雾霾量还是有效的。从整体灰色综合关联度来看，雾霾污染与城镇化率的关联度在全国主要省（自治区、直辖市）均较低，大多数省（自治区、直辖市）的经济发展与雾霾污染量则具有较强的关联度。

4.4 本章小结

根据科斯理论，环境治理问题就是如何界定环境责任的问题。我国疆域辽阔，应该根据各地区实际情况因地制宜，确定各地区雾霾污染治理目标，实现整个国民经济的绿色发展。各地区应该根据雾霾污染与影响因素的关联特点实现减排目标，发展绿色经济，从而实现美丽中国的建设。通过本书的研究结果可以看出，不同区域雾霾污染与影响因素的关联特征并不相同，因此降低雾霾污染相关政策应该考虑如下几个方面：

一是我国整体的产业结构和雾霾污染密切相关，是雾霾量的重要关联因素。这是由我国经济发展的特定历史阶段决定的。本着作为负责任的大国的原则，不能走发达国家“先发展，后治理”的老路。由于我国不同地区经济发展的基础和阶段不一样，中央政府部门应该注重地方具体发展的异质性，根据不同地区具体发展特征，结合各区域产业结构状况，制定针对不同区域的雾霾污染治理目标，坚持共同但有区别的雾霾污染治理原则，因地制宜制定不同的雾霾污染治理措施和政策。

二是大多数地区能源价格与雾霾污染的绝对关联度较高，应该积极提高能源价格来降低雾霾污染量，通过合理地调控价格实现节能降污。改变过去单一通过实施价格调控管理市场的行为，积极引导消费者使用清洁能源。同时采取财政政策措施来反映社会成本，通过建立资源管理制度和公布排放数据来促进地方政府实现雾霾污染治理目标。同时各区域坚持走适合自身特征的绿色发展道路，制定具有针对性的政策措施，加快区域的雾霾污染治理，使我国稳步踏上绿色经济的发展道路。

三是降低雾霾污染量，技术进步是关键。目前，美国、德国和日本等发达国家都将低碳技术和能源技术的创新作为降低环境污染的重要手段。通过分析可以看出，我国雾霾污染与技术进步的关联度较低，中国的现实情况是在短期内仍然是以煤炭为主的能源结构，所以只能通过技术进步来促进环境保护目标的实现。因此必须加快科技创新的步伐，赶超国际先进水平，制定有效的政策和措施鼓励各个行业加快清洁能源替代的速度，通过技术创新和清洁能源快速替代发展相结合的模式实现我国可持续发展。

四是人口动态数据的预测是可以信赖的数据，由于雾霾污染和人口的关联性较大，人口对雾霾污染的影响程度不容忽视。为了满足子孙后代的生存需要，保护资源和环境是当务之急，需要合理控制人口数量，转变个人生活方式，使以往大肆浪费能源以物质财富来彰显自我价值的观念，转变成“知足和节约”等为时尚的物质生活理念。通过提供利益刺激和宣传环保绿色发展理念来提高全民环保意识，形成全社会范围内全民积极响应、自觉遵守的良性机制，构建存量型经济社会发展模式。

五是由于我国在未来一定时期内，还是以工业为经济发展的主导部门，且金融发展与雾霾污染的相对关联度和综合关联度都比较高，所以各级政府部门应该积极采取措施推进数智工业和绿色工业的金融发展政策的实施，制定切实可行的绿色金融发展措施，通过政策引导淘汰生产能力落后的部门，优化能源消费结构，同时发展低能耗低雾霾污染量的工业部门。根据各区域实际发展情况调整产业结构，实现产业升级，制定不同层次的雾霾污染治理目标，统筹区域经济协调发展，提高区域雾霾污染治理的积极性。加强区域绿色经济合作建设，加强产业创新集群建设，形成具有一定规模的先进的低能耗、低污染的产业是我们目前的必要措施。加强与国际上技术领先的国家和先进企业合作，做好引进来和走出去的合作方式，加快我国绿色产业发展。

六是城镇化建设的同时大力降低雾霾污染量是刻不容缓的问题。如何快速发展低碳城镇化建设是我们国家面对的严峻问题。各级政府和有关部门应该在明确中国低碳经济转型的前提下，积极采取相应措施推进中国城镇化进程，建设资源节约型和结构紧凑型绿色城市，发挥地方政府在中国绿色城市建设中的重要指导作用。政府部门选取雾霾污染治理较好的城市使其发挥先锋带头作用，制定行动计划，发挥绿色交通、绿色建筑等绿色城镇特色，新建设的项目要严格审批，层层把关，在确保我国能够实现绿色发展和城镇化的同时协调好各方面的关系，实现全新的绿色经济发展局面。

同时我国应该积极借鉴国际上雾霾污染治理的经验教训，针对重度雾霾污染区域的成因及主要影响因素，参考发达国家政策措施，采取国家干预的方式。例如美国国会通过了控制空气污染的法律（《1955 年空气污染控制法》），1997 年又将 PM2.5 作为全国环境空气质量标准，2006 年开始 24 小时监测 PM2.5 最高和最低浓度值。应参考英国不同阶段发布的《工业发展环境法》、《清洁空气法案》和《环境保护条例》等法案，根据不同区域、不同行业和企业制定不同的雾霾污染指标，在治理的同时，实时向民众通报。民众不仅可以在网站上查看雾霾污染指标和随时变动指数，在相应软件上也能看到所有监测点雾霾污染数值和趋势。要建立统一的管理机构，成立区域环境治理机构进行协同统一管理，将环境治理和环境保护指标相结合。空气质量研究中心应根据不同区域的地形和气候特点，制定不同的空气污染管理参数。对于我国整体来说，应用解决民生问题的理念指导技术进步、产业结构调整和城镇化发展等大方向，制定区域不同发展阶段的工作重点和目标，严格指标考核，加强环境执法监管并追责到底，实行联控和联防机制，实现跨区域合作，合理分摊治理费用，积极推动雾霾污染治理的进程，并积极参与国际合作，促进低污染的可持续经济增长。

第5章

中国雾霾污染的时空演化特征分析

本章以空间地理经济学视角，验证我国省域雾霾污染空间依赖性和动态演变进程，基于空间面板数据模型，估计不同视域影响因素对雾霾污染的作用和空间溢出效应。现有关于雾霾污染的研究已经取得了一定的进展，但是没有对我国区域雾霾污染的时空格局演化机理和影响因素进行系统的研究，并且雾霾污染具有空间溢出性，因此我国应对雾霾污染要从产业调整、联防联控和依法治理等方面采取积极措施，因此本章基于动态演进、空间积聚和空间联动的视域对我国省域的雾霾污染空间格局演变、影响因素和空间溢出效应进行系统研究。

5.1 中国区域雾霾污染的空间效应检验

5.1.1 空间效应及空间检验理论

如何科学地鉴别区域雾霾污染是否存在空间效应，这是空间计量经济模型分析首先需要解决的问题。现实生活中，完全独立的观测值并不普遍存在。传统计量经济模型是建立在假定观测值独立基础上的，均认为观测样本在空间上相互独立。空间计量经济学在分析现实经济行为中考虑了个体之间空间的相互作用的差异性，也就是空间效应（spatial effects）；传统计量经济模型默认个体在空间上具有独立性和同质性。盖蒂斯（Getis）指出具有空间属性的观测数据，离得近的观测变量之间比离得远的变量数据之间存在更加紧密的空间关系。经济效应主要表现为两种空间交互作用方式：空间依赖性（spatial dependence）也称为空间相关性、空间异质性（spatial heterogeneity）。

5.1.2　空间效应检验

空间相关性也称为空间依赖性（spatial dependence），一般指变量之间空间自相关形式，通过变量的空间滞后因子，将空间相关性引入传统的计量经济学模型。空间依赖性也指在样本观测的过程中，位于某一空间单元上的观测与位于其他空间单元的观测有关，会受到其他位置观测的影响。空间依赖不仅表示空间上的观测值缺乏独立性，而且表示潜在于这种空间相关的数据结构中，也就意味着像地理学第一定律所指出的空间相关强度和模式由空间格局和空间距离共同决定。实质空间依赖性反映了各单元存在的空间交互作用，这种假设的空间单元与研究问题的边界往往不匹配，从而导致测量误差。

空间异质性也称为空间差异性，是指观测单元在地理空间上缺少均质性，存在非均衡性，表现为主体行为之间的空间结构差异。空间异质性反映了空间观测单元在经济实践中经济行为关系的不稳定性，经济地理结构中的地理位置和发展阶段等特征的非均质性会导致经济社会发展存在较大的空间差异性。

空间自相关的检验方法分为全域空间自相关检验和局域空间自相关检验两种。全域空间自相关检验主要采用 Moran's I、Geary's 统计和 Joint count 统计等，其中 Moran's I 和 Geary's 全局空间自相关指标通常用来进行全域的空间效应检验；局域空间自相关指标主要包括 Moran's I 指数、局域 G 指数和 Moran's I 散点图等。

1. 全域空间自相关检验

全域空间自相关检验用于检验某种现象的整体分布情况，判断这种现象在特定区域内是否具有集聚特征。局域空间自相关检验局部空间集聚性，能够指出集聚位置，并且可以探测出空间异常性。

（1）Moran's I 指数。

Moran's I 指数是最常用的空间自相关指标，是判定一定范围内的空间实体相互之间是否存在相关关系的重要研究指标，Moran's I 指数的公式如下所示：

$$\text{Moran's I} = \left| \sum_{i=1}^{n} \sum_{j=1}^{n} W_{ij}(Y_i - \bar{Y})(Y_j - \bar{Y}) \right| \Big/ \left| S^2 \sum_{i=1}^{n} \sum_{j=1}^{n} W_{ij} \right| \tag{5-1}$$

公式中 $S^2 = \frac{1}{n}\sum_{i=1}^{n}(Y_i - \bar{Y})^2$，$\bar{Y} = \frac{1}{n}\sum_{i=1}^{n} Y_i$，$Y_i$ 表示第 i 区域的观测值（如雾霾污染量），n 为区域的总数（省域），Y_i 和 Y_j 表示随机变量 Y 在地理单元 i 和 j 上的属性值，$\bar{Y}$ 为 a 个空间单元样本属性

值的平均值，W_{ij}表示二进制的邻近空间权值矩阵，空间权重矩阵可以用邻接标准和距离标准来衡量，本书根据邻接矩阵设定权值：

$$W_{ij}=\begin{cases}1 & \text{当区域 } i \text{ 和区域 } j \text{ 相邻}\\0 & \text{当区域 } i \text{ 和区域 } j \text{ 不相邻}\end{cases} \tag{5-2}$$

公式中，$i=1, 2, \cdots, n$；$j=1, 2, \cdots, m$；$m=n$ 或 $m \neq n$。

（2）Moran's I 指数的特性。

Moran's I 检验作为空间相关性检验的重要方法，取值范围为 $-1 \leqslant$ Moran's I $\leqslant 1$。当 Moran's I >0 时，证明空间存在正相关性，并且数值越大正相关性就越强；当 Moran's I <0 时，相邻单元之间就不存在相似的属性，并且数值越小差异性越大；当 Moran's I $=0$ 时，各个空间单元服从随机分布。

空间相关系数 Moran's I 散点图将各个区域的雾霾污染空间依赖模式分为四个象限，其中，第一象限表示高雾霾污染区域同时被其他高雾霾污染区域所包围（HH）；第二象限表示低雾霾污染区域被其他高雾霾污染区域所包围（LH）；第三象限表示低雾霾污染区域被其他低雾霾污染区域所包围（LL）；第四象限表示高雾霾污染区域被其他低雾霾污染区域所包围（HL）。当观测值均匀地分布在四个象限时，则认为区域之间不存在空间自相关性。

（3）Moran's I 指数的统计检验。

分别采用渐进正态分布和随机分布两种假设检验 Moran's I 指数的计算结果，标准化形式为

$$Z(d)=\frac{\text{Moran's I}-E(\text{Moran's I})}{\sqrt{VAR(\text{Moran's I})}} \tag{5-3}$$

根据地理空间数据分布的情况，计算标准化 Moran's I 的期望值：

$$E_n(\text{Moran's I}) = -\frac{1}{n-1} \tag{5-4}$$

对正态分布的空间数据假设，方差算式为

$$VAR_n(\text{Moran's I}) = \frac{n^2 w_1 + n w_2 + 3 w_0^2}{w_0^2(\text{Moran's I})} - E_0^2(\text{Moran's I}) \tag{5-5}$$

检验统计量的 Z 值可以根据以上公式计算得到，根据检验统计量 Z 值的大小来判断零假设的显著性。如果在显著性水平 0.05（或 0.1）以下，服从正态分布的检验统计量 Z 的绝对值大于临界值 1.65（或 1.96），表示在空间分布上，区域雾霾污染具有显著的空间依赖性。

2. 局域空间自相关检验

局域空间自相关检验是空间统计学中探索性数据分析的重要内容，可以判断不同区域的空间关联模式。全域空间自相关描述了中国雾霾污染总体上的空间自相关模式，但是由于平均化了区域间的差异，忽略了区域的空间结构，不能具体地反映各区域的空间依赖状况。当全域空间效应检验证明具有全域空间相关的结论时，需要进一步采用局域指标和 Moran's I 散点图来证明可能存在的局域显著性空间相关效应。

根据安塞林（Anselin）的观点，第 i 个观测单元的局域 Moran's I 指标作为局域空间关联指标 LISA 的一个特例，可以定义为如下表达形式：

$$I_i = z\sum_{j}^{n} \omega_{ij} z_j \tag{5-6}$$

其中，$Z_i = (Y_i - \bar{Y})$ 和 $Z_j = (Y_j - \bar{Y})$ 表示观测值与均值的偏差。为了便于解释标准化形式的空间权重矩阵，根据惯例假设 $\omega_{ij} = 0$ 。因此，I_i 表示 Z_i 与观测的单元 i 周围单元观测值加权平均的乘积。

也可以根据 Moran's I 指数散点图来分析局部空间的相关性，Moran's I 指数散点图能够进一步区分区域单元和邻近单元之间的空间联系形式，识别空间分布存在的不同单元以及跃迁路径。

5.2 中国雾霾污染核算及空间效应检验结果

测算中国 30 个区域的雾霾污染，通过全域空间自相关和局域空间自相关检验来分析区域雾霾污染的空间效应和是否存在显著的空间集群效应。

5.2.1 中国雾霾污染核算

治理雾霾污染改善空气质量的首要任务就是控制 PM2.5，因此本书借鉴国内外关于雾霾污染的研究数据，采用哥伦比亚大学国际地球科学信息网络中心借助卫星搭载设备对气溶胶光学厚度测定的 PM2.5 年浓度数值，并参考我国环保局监测数据资料，确定中国的雾霾污染现状，可信度较高。

5.2.2 全域空间自相关检验

1. 全域 Moran's I 检验

本书采用 Moran's I 指数对中国区域雾霾污染量进行全域空间自相关检验，Moran's I 指数空间自相关的统计显著性可以在随机性的假设条件下测算。表 5－1 描述了中国 2000～2015 年 30 个省（自治区、直辖市）雾霾污染的空间自相关检验结果。研究结果显示，中国各省（自治区、直辖市）雾霾污染的 Moran's I 统计值在 2000～2015 年均通过了显著性水平检验，这提供了可靠的空间正相关证据。各年度的 Moran's I 指数均通过了显著性水平为 5% 的显著性检验，Moran's I 指数的取值范围为 0.3678～0.5044，证明中国 30 个省（自治区、直辖市）间的雾霾水平存在显著的空间自相关的空间依赖性，即空间关联模式，因此区域雾霾污染在空间分布上不随机，在整个样本期间，中国区域雾霾污染的空间分布呈现如下空间集聚模式：雾霾污染水平相对较高的区域倾向于和其他也具有较高的雾霾污染水平的省域邻近，雾霾污染水平相对较低的区域倾向于和其他也具有较低的雾霾污染水平的省域邻近，这表明省域雾霾污染水平在空间上是相关的，因此不能将其假定为一个独立的观测值。

表 5－1　2000～2015 年中国 30 个区域雾霾污染 Moran's I 统计值

年份	Moran's I	P 值
2000	0.3678	0.0020
2001	0.4286	0.0010

续表

年份	Moran's I	P 值
2002	0.4335	0.0010
2003	0.5115	0.0010
2004	0.4457	0.0010
2005	0.4614	0.0010
2006	0.5044	0.0010
2007	0.5015	0.0010
2008	0.4704	0.0010
2009	0.4423	0.0010
2010	0.4390	0.0010
2011	0.5021	0.0010
2012	0.4709	0.0010
2013	0.4942	0.0010
2014	0.4590	0.0010
2015	0.4767	0.0020
2000～2015 年均值	0.4675	0.0010

注：空间权重矩阵选取 rook 一阶空间权重矩阵。

可以看出，区域雾霾污染的空间自相关性随着时间的推移而呈明显的变化状态，2001 年中国省（自治区、直辖市）之间雾霾污染的空间依赖性具有明显增强的趋势，但是从 2006 年 Moran's I 指数值开始有所下降，区域雾霾污染的空间相关性有所减弱，2011 年的空间相关性相对较大，但是又迅速下降，这表明中国省（自治区、直辖市）之间雾霾污染的空间依赖性具有先增强后变弱的倒“U”型变化趋势。区域雾霾污染空间自相关的存在证明一个省（自治区、直辖市）的雾霾污染水平不仅受本区域的雾霾污染状况的影响，还受周边区域环境的影响，因此，需要考虑空间因素对区域雾霾污染的作用机制，从而更加准确地研究区域雾霾污染问题。

2. Moran's I 散点图分析

根据全域 Moran's I 统计量和零假设检验，初步测算各省域之间雾霾污染的空间相关性。2000～2015 年中国 30 个省（自治区、直辖市）雾霾污染均值的 Moran's I 是 0.4675。可以证明中国相邻省（自治区、直辖市）的雾霾污染存在普遍的正相关。但是全域 Moran's I 具有很大的局限性，比如一部分省（自治区、直辖市）的增长存在正相关（溢出效应），另一部分存在负相关（回流效应），两者相互抵消后，全域 Moran's I 可能显示省（自治区、直辖市）间没有相关性。因此，本书对 2000 年、2015 年、2000～2015 年三个时间段的中国 30 个省（自治区、直辖市）的雾霾污染情况进行 Moran's I 散点分析（如图 5-1、图 5-2 和图 5-3 所示）。

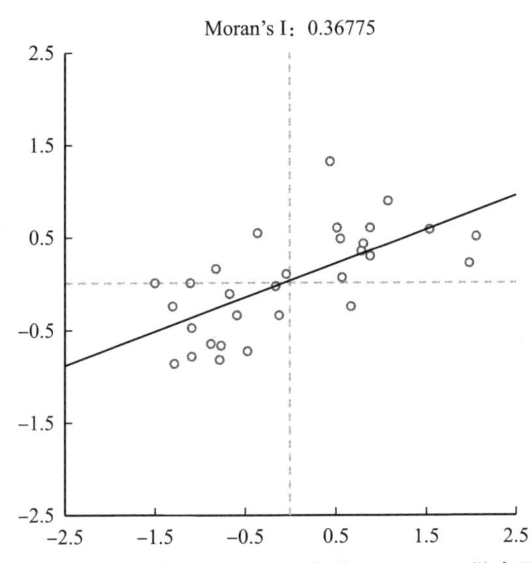

图 5-1　2000 年中国雾霾污染的 Moran's I 散点图

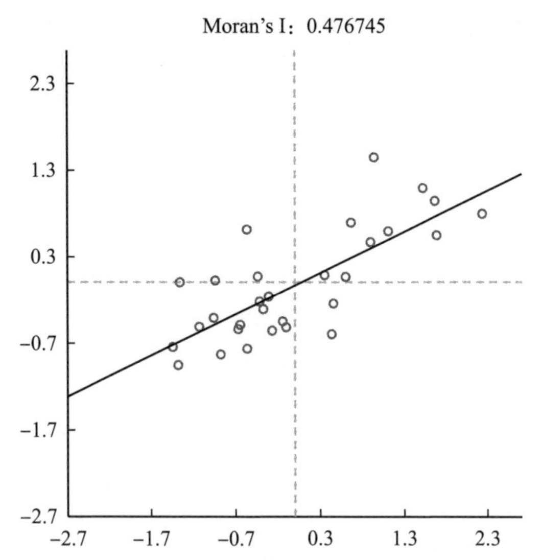

图 5－2　2015 年中国雾霾污染的 Moran's I 散点图

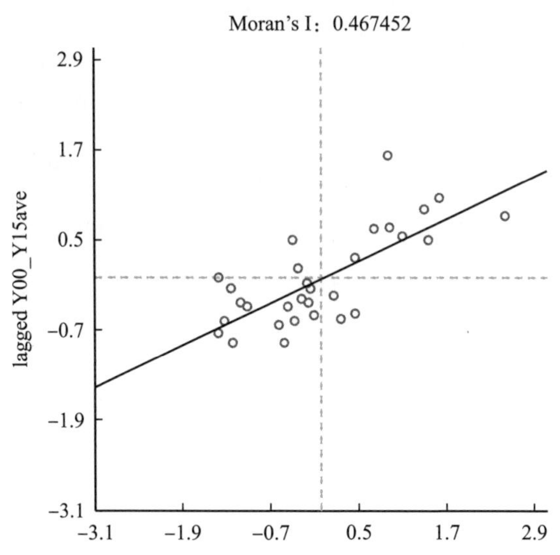

图 5－3　2000～2015 年中国雾霾污染的 Moran's I 散点图

2000 年位于第Ⅰ象限的省（自治区、直辖市）有北京、山东、安徽、河北、江苏、河南、天津、陕西、宁夏、上海、湖北，表现为高雾霾污染水平－高空间滞后的正自相关关系的集群模式；第Ⅱ象限的省（自治区）有山西、内蒙古，表现为低雾霾污染水平－高空间滞后的负自相关集群模式；第Ⅲ象限的省（自治区）有江西、四川、辽宁、湖南、福建、广西、广州、贵州、吉林、黑龙江和云南，表现为低雾霾污染水平－低空间滞后的负自相关集群模式；第Ⅳ象限的自治区有新疆，表现为低雾霾污染水平－低空间滞后的负自相关模式；跨越第Ⅰ、第Ⅱ象限的省有浙江；跨越第Ⅱ、第Ⅲ象限的省（市）有海南、青海、重庆；跨越第Ⅰ、第Ⅳ象限的省有甘肃。

2015年位于第Ⅰ象限的省（市）有北京、天津、上海、山东、辽宁、湖北、江苏、安徽、河北和河南，表现为高雾霾污染水平－高空间滞后的正自相关关系的集群模式；第Ⅱ象限的省有浙江和山西，表现为低雾霾污染水平－高空间滞后的负自相关集群模式；第Ⅲ象限的省（自治区）有江西、黑龙江、陕西、湖南、宁夏、甘肃、广西、广州、贵州、重庆、福建、青海、四川、云南，表现为低雾霾污染水平－低空间滞后的负自相关集群模式；第Ⅳ象限的省（自治区）有新疆和吉林，表现为低雾霾污染水平－低空间滞后的负自相关模式；跨越第Ⅰ、第Ⅱ象限的省（自治区）有内蒙古和海南。

2000～2015年位于第Ⅰ象限的省（市）有北京、山东、天津、江苏、上海、河南、安徽、河北和湖北，表现为高雾霾污染水平－高空间滞后的正自相关关系的集群模式；第Ⅱ象限的省有浙江、山西，表现为低雾霾污染水平－高空间滞后的负自相关集群模式；第

Ⅲ象限的省（自治区）有陕西、江西、辽宁、重庆、甘肃、广州、广西、贵州、吉林、青海、福建、内蒙古、四川、云南和黑龙江，表现为低雾霾污染水平－低空间滞后的负自相关集群模式；第Ⅳ象限的省（自治区）有湖南、新疆和宁夏，表现为低雾霾污染水平－低空间滞后的负自相关模式；跨越第Ⅰ、第Ⅳ象限的省有海南。

2000年和2015年中国30个省（自治区、直辖市）的雾霾污染评价值位于四个象限的空间，呈Moran's I散点分布（如图5－1和图5－2所示），省域分布显示了共同特征，即在地理空间上显示了正的空间自相关性。从2000年Moran's I的散点图可以看出，73.33%（22个）的省域存在相似的空间关联性，其中，36.67%（11个）的省（自治区、直辖市）在第Ⅰ象限（HH：高雾霾污染强度－高空间滞后），36.67%（11个）省（自治区、直辖市）在第Ⅲ象限（LL：低雾霾污染强度－低空间滞后）；在2015年Moran's I的散点图中，80%（24个）的省（自治区、直辖市）存在相似的空间关联性，其中，33.33%（10个）的省（自治区、直辖市）在第Ⅰ象限（HH：高雾霾污染强度－高空间滞后），46.67%（14个）省（自治区、直辖市）在第Ⅲ象限（LL：低雾霾污染强度－低空间滞后）。进一步证明各地区雾霾污染存在显著空间正相关性即空间依赖性，并且这种空间自相关性逐渐增强。

3. 时空动态分析

依据Rey的时空跃迁测度法（Space-time Transitions）对中国各省（自治区、直辖市）Moran's I散点图的时空演化展开进一步分析。时空跃迁测度共分为四种类型：类型Ⅰ、类型Ⅱ、类型Ⅲ和类型0。类型Ⅰ跃迁代表仅仅是省（自治区、直辖市）单元本身的跃迁，例如：HH→LH、HL→LL、LH→HH、LL→HL；类型Ⅱ跃迁代表仅仅是省（自治区、直辖市）单元邻近地区的跃迁，例如：HH→HL、HL→HH、LH→LL、LL→LH；类型Ⅲ又分为类型ⅢA和类型ⅢB两种类型，其中类型ⅢA跃迁代表省（自治区、直辖市）单元本身和其邻近地区的跃迁方向相同，例如：HH→HH、HL→HL、LH→LH、LL→LL；类型ⅢB跃迁代表省（自治区、直辖市）单元本身和其邻近地区的跃迁方向相反，例如：HH→LL、HL→LH、LH→HL、LL→HH；0型跃迁代表省（自治区、直辖市）单元和邻近地区都没有跃迁。中国2000年和2015年的省（自治区、直辖市）雾霾污染检测结果如表5－2所示。

表5－2　2000～2015年中国省（自治区、直辖市）雾霾污染水平Moran's I散点的跃迁

象限	年份	
	2000	2015
第Ⅰ象限（HH）	北京、天津、上海、山东、湖北、江苏、安徽、河北、河南、陕西、宁夏	北京、天津、上海、山东、辽宁、湖北、江苏、安徽、河北、河南
第Ⅱ象限（LH）	山西、内蒙古	浙江、山西
第Ⅲ象限（LL）	江西、四川、辽宁、湖南、福建、广西、广州、贵州、吉林、黑龙江、云南	江西、黑龙江、陕西、湖南、宁夏、甘肃、广西、广州、贵州、重庆、福建、青海、四川、云南
第Ⅳ象限（HL）	新疆	新疆和吉林
跨象限省域	浙江、海南、青海、重庆、甘肃	内蒙古和海南

对2000年和2015年中国30个省（自治区、直辖市）的高值和低值雾霾污染的检测发现，其具有明显的空间非均衡性和空间持续性特征。根据表5-2，比较2000年和2015年中国30个省（自治区、直辖市）雾霾污染水平的Moran's I散点的跃迁类型可以看出，在2000~2015年期间，主要的跃迁方式为以省（自治区、直辖市）及其临近地区保持相同水平的类型Ⅲ，21个省（自治区、直辖市）属于跃迁ⅢA类型（跃迁路径为HH→HH、HL→HL、LH→LH、LL→LL），陕西、宁夏和辽宁3个地区是类型ⅢB跃迁的典型区域，跃迁路径分别属于HH→LL、LL→HH类型。这说明80%的省（自治区、直辖市）的雾霾污染水平表现了空间上的稳定性。雾霾污染水平时空跃迁的其他三个类型相对较少，属于类型I的有吉林省（自治区、直辖市）（跃迁路径为LL→HL），浙江、海南、青海、重庆、甘肃和内蒙古等地区同时跨越两个象限，属于非典型的跃迁区域。

根据整个时期检测的空间集群结构中缺乏显著位移的证据，可以判断区域雾霾污染水平在空间地理分布上具有严重的路径依赖性，并且具有显著的集聚性和流动性较低的特征，各个省（自治区、直辖市）想要摆脱本区域的集群存在较大的困难。

5.2.3　局域空间自相关检验

为了进一步研究雾霾污染具体区域的空间依赖情况，还需要进行局域空间相关性检验。Moran's I散点图没有得出各省（自治区、直辖市）雾霾污染局域显著性水平的具体水平值，区域集聚地图和显著性可以更加直观地表明局域的空间相关性和显著性，同时也能够为雾霾污染收敛提供证据，因此有必要进一步测算局域空间自相关的统计值和显著性水平。因此，需要对各省（自治区、直辖市）的雾霾污染状况进行局域空间相关指标分析（LISA - Local Indicators of Spatial Association）。为了判别2000～2015年各省（自治区、直辖市）雾霾污染在局域空间上集群的格局，本研究重点考察显著性水平较高的局域空间集群指标，并分别对2000年、2015年、2000～2015年三个时间段展开分析。

根据2000年、2015年和2000～2015年中国各省（自治区、直辖市）雾霾污染水平的局域空间自相关分析，2000年中国贵州、广西、广东和湖南四个省（自治区）的雾霾污染通过了1%的显著性水平检验，云南、福建、浙江、江西、黑龙江和吉林共计6个省的雾霾污染通过了5%的显著性水平检验；黑龙江和吉林2个省位于H－H高型值集聚区；云南、贵州、湖南、江西、福建、广西和广东和浙江8个省（自治区）位于L－L低型值集聚区，H－H高型值集聚区和L－L低型值集聚区都代表相邻的省份雾霾污染浓度在局部空间存在正的相关关系；其他省域处于没有特殊特征的区域空间离群区。

2015年中国云南、湖南、贵州、广西的雾霾污染通过了1%的显著性水平检验，黑龙江、吉林、江西、福建和广州的雾霾污染通过了5%的显著性水平检验；黑龙江、吉林位于H－H高型值集聚区；云南、贵州、湖南、江西、福建、广西和广州位于L－L低型值集聚区；海南位于区域空间离群区。2000～2015年中国贵州、云南、湖南和广西的雾霾污染通过了1%的显著性水平检验，广东、江西、福建、黑龙江和吉林的雾霾污染通过了5%的显著性水平检验；黑龙江和吉林位于 H－H 高型值集聚区；云南、贵州、湖南、江西、福建、广西和广州位于 L－L 低型值集聚区；其他省域处于没有特殊特征的区域空间离群区。

综合分析局域集聚区域和显著性，中国雾霾污染在区域空间分布上已经形成两个不同的空间集聚区域：以黑龙江和吉林为中心，与周边省（自治区、直辖市）组成的高雾霾污染水平的空间集群区域；第二个是以湖南、江西为中心，与周边各省（自治区、直辖市）组成的雾霾污染空间集群区域。

5.3　中国区域雾霾污染的空间计量经济学模型

前面已经证明中国区域雾霾污染存在空间自相关性，如果采用传统的计量经济学方法研究区域雾霾污染差异必然影响估计结果的准确性，因此需要采用空间计量经济学模型考虑区域雾霾污染的空间效应。下面首先介绍空间计量经济模型的具体表达形式和检验估计方法。

1979 年荷兰经济学家帕林克（Paelinck）提出空间计量学模型的概念以来，空间计量学迅速发展，克里夫（Cliff）等学者对空间自回归模型提出相应的参数估计和检验技术，安塞林等（Anselin et al.）学者对空间计量经济的理论进行了系统的梳理。经过专家学者们的不断努力，空间计量经济学也逐步发展起来，并且已经形成了空间计量经济学的系统理论框架体系，在应用经济领域的地位得到了普遍的认可。空间计量经济学作为计量经济学的一个分支，既考虑个体间相关性，又考虑个体的异质性，具有更好的应用前景。

目前，空间计量经济学模型已经在多学科领域得到广泛的应用，也是空间计量经济学的研究热点之一。

空间计量经济学模型（Spatial Econometric Model）将研究经济现象的空间效应加入计量模型中，根据对“空间依赖性”体现方法的不同，主要分为两种类型：空间滞后模型（Spatial Lag Model，SLM）和空间误差模型（Spatial Error Model，SEM）。空间计量经济学模型有助于改善过于简化的时间序列模型，对空间影响因素，特别是中国省级区域空间影响因素，提供了更符合实际且灵活的模型。由于现有研究面板数据模型以固定效应为主，所以下面主要介绍空间滞后模型、空间误差模型、广义空间模型和地理加权回归模型。

5.3.1 空间计量经济学模型原理

安塞林提出了空间经济模型的通用形式，通过模型参数的不同限制，从而导出特定的模型，具体表达式如下：

$$Y = \rho W^1 y + X\beta + \varepsilon$$
$$\varepsilon = \lambda W^2 \varepsilon + u$$
$$u \sim N(0, \sigma^2 I_n) \tag{5-7}$$

式中，Y 表示因变量，X 表示 $n \times k$ 的外生解释变量矩阵，ρ 表示空间自回归系数，λ 表示 $n \times 1$ 的因变量空间误差系数，W^1、W^2 表示 $n \times n$ 的空间加权矩阵，u 表示正态分布的随机误差向量。当 $\lambda=0$ 的时候，对应的模型为空间滞后模型；当 $\rho=0$ 的时候，该模型为空间误差模型。

空间滞后模型（Spatial Lag Model，SLM）主要研究一个经济单元的经济行为受邻近单元经济行为溢出情况的影响，是在模型中设置空间滞后因子的回归模型。空间滞后模型的表达式为

$$Y = \rho Wy + X\beta + u$$

$$u \sim N(0,\ \sigma^2 I_n) \tag{5-8}$$

式中，Y 表示因变量；X 表示 $n \times k$ 的外生变量；Wy 为空间滞后因变量，ρ 为空间回归系数，反映样本观察值中的空间依赖作用，即相邻区域的观察值 Wy 对本区域观察值 y 的影响方向和程度，能够显示因变量在某一区域是否有扩散现象，即溢出效应，W 为 $n \times n$ 阶的空间权值矩阵，u 表示随机误差项向量。

自变量 X 对因变量 Y 的影响用参数 β 反映，空间滞后变量 Wy 是内生变量，表示空间距离对区域雾霾的作用。区域雾霾受到经济环境及与空间距离有关成本的影响，具有很强的地域性。由于空间滞后模型与时间序列中自回归模型相类似，因此空间滞后模型也称作空间自回归模型（Spatial Autoregressive Model，SAR）。

空间误差模型（Spatial Error Model，SEM）扰动显示出空间相关性，当区域间的相互作用由于所处的相对位置不同从而存在差异的时候，需要采用空间误差模型。空间误差模型的表达式为：

$$Y = X\beta + \varepsilon$$

$$\varepsilon = \lambda W\varepsilon + \mu$$

$$u \sim N(0,\ \sigma^2 I_n) \tag{5-9}$$

式中，ε 表示随机误差项向量，λ 表示 $n \times 1$ 阶的截面因变量向量的空间误差系数，μ 表示正态分布的随机误差向量。

空间误差模型中参数 β 表示自变量对因变量 Y 的影响。参数 λ

用于衡量样本观察值中的空间依赖作用，即相邻区域的观察值 y 对本区域观察值 y 的影响方向和程度。存在于扰动误差项之中的空间依赖作用，度量邻近区域对于因变量的误差冲击而产生的对本区域观察值的影响程度。

广义空间模型（Spatial autocorrelation，SAC）包括空间滞后条件和空间误差结构，如下所示：

$$Y_t = \rho W_{1y} + X_t \beta + \mu$$

$$u = \lambda W_2 u + \varepsilon$$

$$u_t \sim N\ (0,\ \sigma_\varepsilon^2 I_n) \tag{5-10}$$

其中，$t=1，2，3，\cdots，T$，Y_t 为（y_{1t}，y_{2t}，$\cdots$，y_{nt}），表示第 t 个时间点的 n 个截面数据的因变量，X_t 为（x_{1t}，x_{2t}，$\cdots$，x_{nt}），表示第 t 个时间点的 n 个截面数据的解释变量，u 为（u_1，u_2，$\cdots$，u_n），表示回归方程的个体效应，u_t 为（u_{1t}，u_{2t}，$\cdots$，u_{nt}），表示服从正态分布的随机误差项。W 为空间权值矩阵，参数 β 表示解释变量 X_t 的回归系数，ρ 作为需要估计的参数，表示某一区域的因变量 Y_t 受到邻近区域的因变量 Y_t 的影响程度。

地理加权回归模型（Geographical weighted regression，GWR）考虑全局回归模型的具体表达式如下：

$$Y_t = \beta_0 + \sum_k \beta_k x_{ik} + \varepsilon_i \tag{5-11}$$

地理加权回归模型（GWR）容许局部参数估计，扩展后的模型具体表达式如下：

$$Y_t = \beta_0(u_i, v_i) + \sum_k \beta_k(u_i, v_i) x_{ik} + \varepsilon_i \tag{5-12}$$

其中，（u_i，v_i）为第 i 个样本点的空间坐标，$\beta_k(u_i,\ v_i)$ 为连续 $\beta_k(u,\ v)$ 在 i 点的值。当 $\beta_k(u_i,\ v_i)$ 在空间保持不变的时候，

模型就为全局回归模型。

5.3.2　空间计量经济学模型的估计和选择

空间计量经济学模型的变量具有内生性的特点，因此采用传统的最小二乘估计对空间计量模型进行估计，就会产生有偏或无效的结果，所以最小二乘估计方法不再适用，需要采用其他的估计方法进行研究，常用的方法主要有 LM（极大似然估计）、GMM（广义矩估计）、IV（工具变量估计）、GLS（广义最小二乘估计）和贝叶斯法（Bayes method）。下面简单介绍极大似然估计方法。

首先对模型进行普通最小二乘回归，分别计算最小二乘回归的残差，通过极大化集中对数似然函数得到参数 ρ 估计值：

$$L_c = -(n/2)\ln[(1/n)(e_0 - \hat{\rho}e_L)'(e_0 - \hat{\rho}e_L)] + \ln|I - \hat{\rho}W| \tag{5-13}$$

计算其余的参数估计值，极大似然函数为：

$$\log L = -(N/2)\ln(2\pi) - (N/2)\ln\hat{\sigma}_\varepsilon^2 + \ln|I - \hat{\rho}W| - (1/2\hat{\sigma}_\varepsilon^2)(y - \hat{\rho}Wy - \beta X)'(y - \hat{\rho}Wy - \beta X)'(y - \hat{\rho}Wy - \beta X) \tag{5-14}$$

空间误差模型的极大似然估计，也是对模型进行普通最小二乘估计得到 β 的无偏估计值，计算出普通最小二乘估计的残差，通过对数极大似然函数得到参数 λ 的估计值：

$$L_c = -(n/2)\ln[(1/n)(e_0 - \hat{\lambda}e_L)'(e_0 - \hat{\lambda}e_L)] + \ln|I - \hat{\lambda}W| \tag{5-15}$$

采用安塞林提出的重复迭代方法处理极大化条件问题，计算得到极大化条件为：

$$\log L_c = -(N/2)\ln(2\pi) - (N/2)\ln\hat{\lambda}\sigma_\varepsilon^2 + \ln|I - \hat{\lambda}W| - (1/2\hat{\lambda}\sigma_\varepsilon^2)e'(I - \hat{\lambda}W)'(I - \hat{\lambda}W)e \tag{5-16}$$

一般先设定一定的假定条件，最后推导出对数似然函数的极大条件来确定模型参数的估计值。

通过 Moran's I 检验、极大似然 LM - Lag 检验及极大似然 LM - Error 检验等一系列空间效应检验，对空间滞后模型和空间误差模型做实践检验，并判断区域间是否存在空间相关性。这些统计检验方法同时可以用来诊断所估计的空间计量模型结果。除了采用拟合优度 R^2 检验以外，常用的其他检验准则有自然对数似然函数值（Log likelihood，LogL），赤池信息准则（Akaike information criterion，AIC），似然比率（Likelihood Ratio，LR）、施瓦茨准则（Schwartz criterion，SC）等。当 AIC 和 SC 值越小，对数似然值越大时，模型拟合效果越好。这几个指标可以用来比较 OLS 估计的经典线性回归模型、空间滞后模型和空间误差模型，当似然值的自然对数最大时，模型最好。

现有研究的主要做法是采用固定效应面板数据计量经济模型进行估计，然后采用似然比（likelihood ratio，LR）检验，当似然比检验统计量的显著性水平大于 0.05，则选用固定效应模型；或者选用随机效应模型估计，进行 Hausman 检验，当检验统计量的显著性水平小于 0.05 的时候，拒绝随机效应模型，选择固定效应模型。

在不考虑空间相关性约束的前提下，采用普通最小二乘回归方法进行分析的同时进行相关性检验，根据 LM - lag 和 LM - err 的显著性判断模型的选择。如果 LM - lag 和 LM - err 仅有一个显著，选取经验显著的模型；如果 LM - lag 和 LM - err 均不显著，则采用普通最小二乘回归方法进行分析；如果 LM - lag 和 LM - err 均显著，则根据 Robust LM - lag 和 Robust LM - err 进行判断，比较 Robust LM - lag 和 Robust LM - err 的显著性，当 Robust LM - lag 比 Robust LM - err 显著，则选取空间滞后模型，反之选取空间误差模型。

检验统计量主要有常用的拟合优度 R^2 判断方法、似然比率、自然对数似然函数值、赤池信息准则（AKaike information criterion，AIC）和施瓦茨准则（Schwarz criterion，SC）等。当对数似然函数值 LogL 较大，赤池信息准则和施瓦茨准则值较小，模型拟合效果较好。综合考虑模型的拟合优度 R^2 和对数似然函数值 LogL，当两者的数值较大的时候，模型的拟合度就越高。

5.3.3　雾霾污染的空间计量经济学模型构建

20 世纪 70 年代美国斯坦福教授埃里奇（Ehrlich）和康纳德（Comnoner）建立了评估环境压力的 IPAT 公式，研究了人口、经济增长和技术进步对雾霾的作用机制，得到广泛的应用。可拓展的随机性的环境影响评估模型（Stochastic Impacts by Regression on Population, Affluence, and Technology，STIRPAT）作为 IPAT 模型的修正和扩展，能够克服 IPAT 模型假设的不足。

本书参考 STIRPAT 模型，构建雾霾污染变化模型估计影响因素，对雾霾污染的弹性系数进行估计，并检验雾霾污染变化过程中的溢出效应。IPAT 模型是分析环境影响因素的重要方法，具体表达式为：

$$I = P \times A \times T \tag{5-17}$$

其中，I 代表环境负荷；P 代表人口；A 代表人均 GDP；T 代表单位 GDP 的环境负荷。1994 年约克等（York et al.）学者在 IPAT 模型的基础上提出 STIRPAT 模型，这个模型是通过人口、财产、技术三个自变量和因变量之间的关系对环境影响进行评估的可拓展的随机性模型，具体公式为：

$$I = a \times P^b \times A^c \times T^d \times e \tag{5-18}$$

当 a、b、c、d 都为 1 的时候，STIRPAT 模型就还原为 IPAT 模型。其中，a 是模型的比例常数项，b、c、d 皆为指数项，e 为误差项。

参考 STIRPAT 模型构建雾霾污染与影响因素关系的计量模型：

$$I = a \times P^b \times A^c \times T^d \times S^e \times F^f \times E^g \times EX^h \times U^k \times FD^l + \varepsilon \tag{5-19}$$

其中，I、P、A、T、S、F、E、EX、U、FD 分别代表雾霾污染、人口、经济增长、技术进步、产业结构、金融发展、能源价格、国际贸易、城镇化率和财政分权，b、c、d、e、f、g、h 均为模型参数。

将雾霾污染函数（5－19）两边取对数，则变为经验分析模型：

$$\begin{aligned} \ln I_i = {} & \ln a + b\ln P_i + c\ln A_i + d\ln T_i + e\ln S_i + f\ln F_i \\ & + g\ln E_i + h\ln EX_i + k\ln U_i + l\ln FD_i + \varepsilon_i \end{aligned} \tag{5-20}$$

式中，a 为常数；b 表示第 i 个区域的人口增长对雾霾污染的弹性系数；c 表示经济增长的弹性系数；d 表示技术进步的弹性系数；e 表示产业结构的弹性系数；f 表示金融发展的弹性系数；g 表示能源价格的弹性系数；h 表示国际贸易的弹性系数；k 表示城镇化率的弹性系数；l 表示财政分权的弹性系数；i 表示随机项。

参考本书建立的STIRPAT模型，构建我国各省（自治区、直辖市）雾霾污染空间面板数据模型，估计省雾霾污染影响因素的弹性系数及其空间溢出效应。不考虑空间效应作用的雾霾污染标准面板数据计量经济学模型为

$$\begin{aligned}\ln I_{it} = & b\ln P_{it} + c\ln A_{it} + d\ln T_{it} + e\ln S_{it} + f\ln F_{it} + g\ln E_{it} \\ & + h\ln EX_{it} + k\ln U_{it} + l\ln FD_{it} + \mu_{it} + \upsilon_{it} + \varepsilon_{it} \qquad (5-21)\end{aligned}$$

其中，i 表示截面省（自治区、直辖市）（$i=1, 2, \cdots, N$），t 表示时期（$t=1, 2, \cdots, T$），I_{it}为被解释变量，表示由 i 区域、t 时期雾霾污染值构成的 $N\times1$ 向量，解释变量 P_{it}、A_{it}、T_{it}、S_{it}、F_{it}、E_{it}、EX_{it}、U_{it}、FD_{it}分别表示人口、经济增长、技术进步、产业结构、金融发展、能源价格、国际贸易、城镇化率和财政分权观测值构成的 $N\times9$ 矩阵，b、c、d、e、f、g、h、k、l 为待估计的常数回归参数；ε_{it}是独立且同分布的随机误差项，并且对于 i、t 满足零均值和同方差，μ_{it}表示空间效应，υ_{it}表示时期效应，这样模型（5－21）为空间和时期双效应面板模型；当模型（5－21）中没有 μ_{it}和 υ_{it}时表示为混合面板模型；当去掉 μ_{it}时表示空间效应面板模型；当去掉 υ_{it}时为时期效应面板模型。

标准面板计量经济模型忽略了空间效应的参数估计有偏差的问题，因此本书纳入空间效应的各省（自治区、直辖市）雾霾污染函

数。当本区域雾霾污染被解释变量取决于其邻近区域的雾霾污染观测值及相关特征，就需要采用空间滞后面板数据计量经济学模型（Spatial Lag Panel Data Model，SLPDM）：

$$\ln I_{it} = \rho \sum_{j=1}^{N} \omega_{ij} \ln I_{jt} + b\ln P_{it} + c\ln A_{it} + d\ln T_{it} + e\ln S_{it} + f\ln F_{it} + g\ln E_{it} + h\ln EX_{it} + k\ln U_{it} + l\ln FD_{it} + \mu_{it} + \upsilon_{it} + \varepsilon_{it} \quad (5-22)$$

其中，ρ 为空间滞后（自回归）系数，w_{ij}为空间权值矩阵 W 的元素。该权值矩阵经过行标准处理，每一行的元素之和为 1。对于 W，本书采用邻近矩阵对权值矩阵 W 进行设定。

如果区域雾霾污染被解释变量取决于观察到的一组局域特征及其忽略掉的在空间上相关的重要变量（误差项）时，这就是空间误差面板数据计量经济学模型（Spatial Error Panel Data Model，SEPDM）：

$$\ln I_{it} = b\ln P_{it} + c\ln A_{it} + d\ln T_{it} + e\ln S_{it} + f\ln F_{it} + g\ln E_{it} + h\ln EX_{it} + k\ln U_{it} + l\ln FD_{it} + \phi_{it} \quad (5-23)$$

$$\phi_{it} = \lambda \sum_{j=1}^{N} \omega_{ij} \phi_{jt} \rho + \varepsilon_{it}$$

式中，ϕ_{it}表示空间自相关的误差项，λ 为空间误差（自相关）系数。

除了邻近地区雾霾污染的空间溢出效应外，如果空间邻近地区的影响因素对省域的雾霾污染也有影响，这就需要使用空间杜宾面板数据计量经济学模型（Spatial Durbin Panel Data Model，SDPDM）：

$$
\begin{aligned}
\ln I_{it} = {} & \rho \sum_{j=1}^{N} \omega_{ij} \ln I_{jt} + b\ln P_{it} + c\ln A_{it} + d\ln T_{it} + e\ln S_{it} \\
& + f\ln F_{it} + g\ln E_{it} + h\ln EX_{it} + k\ln U_{it} + l\ln FD_{it} \\
& + \alpha \sum_{j=1}^{N} w_{ij} \ln P_{ji} + \beta \sum_{j=1}^{N} w_{ij} \ln A_{ji} + \chi \sum_{j=1}^{N} w_{ij} \ln T_{ji} \\
& + \delta \sum_{j=1}^{N} w_{ij} \ln S_{ji} + \xi \sum_{j=1}^{N} w_{ij} \ln F_{ji} + \zeta \sum_{j=1}^{N} w_{ij} \ln E_{ji} \\
& + \eta \sum_{j=1}^{N} w_{ij} \ln EX_{ji} + \varpi \sum_{j=1}^{N} w_{ij} \ln U_{ji} + \psi \sum_{j=1}^{N} w_{ij} \ln FD_{ji} \\
& + \mu_{it} + \upsilon_{it} + \varepsilon_{it} \qquad (5-24)
\end{aligned}
$$

其中，$w\ln P$、$w\ln A$、$w\ln T$、$w\ln S$、$w\ln F$、$w\ln E$、$w\ln EX$、$w\ln U$ 和 $w\ln FD$ 分别表示邻近省域人口、经济增长、技术进步、产业结构、金融发展、能源价格、国际贸易、城镇化率和财政分权的空间滞后变量，与 ω、b、c、d、e、f、g、h、k、l 一样，α、β、χ、δ、ζ、ξ、η、ϖ、ψ 为待估计的常数回归参数。

5.3.4　中国区域雾霾污染的影响因素实证分析

选取 2000～2015 年中国西藏、台湾、香港、澳门地区以外的 30 个省（自治区、直辖市）的相关数据建立空间计量经济学模型，由于治理雾霾污染涉及整个经济系统，所以从经济、技术、金融、政策等方面系统对区域雾霾污染的影响机理进行实证研究。以各省（自治区、直辖市）的雾霾污染水平作为被解释变量（记为 I），以上述九个不同视域的影响因素变量——人口（P）、经济发展水平（A）、技术进步水平（T）、产业结构（S）、金融发展（F）、能源价格政策（E）、国际贸易（EX）、城镇化率（U）和财政分权

（*FD*）为解释变量建立计量经济学模型进行实证检验估计。为了便于更加清晰地比较分析，本书同时对模型进行传统的面板计量经济学模型回归分析和空间面板计量经济学模型回归分析。

5.3.4.1 雾霾污染空间计量经济学模型选择

首先，采用普通面板模型进行回归。通过 Hausman 检验判断选择建立随机效应模型还是固定效应模型，然后建立普通面板数据模型。从表 5－3 的研究结果可以看出，面板数据模型的 Hausman 检验值为 48.7724，通过了 0.05% 的显著性检验，拒绝了建立随机效应模型的原假设，因此应该采用固定效应模型。

表 5－3　　普通面板模型的 Hausman 估计

Test Summary	Chi－Sq. Statistic	Chi－Sq. d. f	Prob.
Cross-sectin random	48.7724	9	0.0000

其次，检验空间溢出效应。采用 Matlab 软件进行普通最小二乘回归，同时进行 LM-lag、LM-err、Robust LM-lag 和 Robust LM-err 检验。从表 5－4 检验结果可以看出，空间滞后面板模型通过了 5% 的显著性水平检验，但是空间误差面板模型没有通过 5% 的显著性水平检验，空间滞后面板模型的 LM 和 Robust 检验值为 124.9192 和 42.9130，空间误差面板模型的 LM 和 Robust 检验值为 7.4859 和 3.6542，所以应该采用空间滞后面板模型较为合理。为了避免样本中异方差的影响，采用广义最小二乘估计方法对面板数据模型进行回归分析。

表5-4　　模型的空间相关性检验

	检验方法	统计值	P值
空间相关性检验	LM test no spatial lag	136.6296	0.000
	Robust LM test no spatial lag	51.0239	0.000
	LM test no spatial error	119.6694	0.000
	Robust LM test no spatial error	34.9637	0.000

最后，将普通面板数据模型、空间滞后面板数据模型、空间误差面板数据模型三种模型的估计结果对比分析。根据前面的检验结果，普通面板数据模型、空间滞后面板数据模型、空间误差面板数据模型这三种模型均应该采用固定效应模型进行估计，并且本书中采用的数据已进行了对数处理，能够在一定程度上规避估计过程中存在的异方差现象。本书选取面板数据模型大大增加了观测样本量，同时提高了样本自由度，降低了解释变量的多重共线性，减小了误差。同时将空间滞后面板数据模型、空间误差面板数据模型的个体固定效应、时间固定效应和个体时间双固定效应的估计结果进行比较分析（见表5-5）。

表5-5　　省域雾霾污染的标准面板计量模型估计结果

变量	无固定效应	固定效应	随机效应	空间固定效应	时期固定效应
C	1.2246 (0.4409)	8.1067 (0.0000)	4.0870 (0.0002)	5.1783 (0.0001)	5.2015 (0.0000)
$\ln P$	-0.2102 (0.0036)	-0.2197 (0.0482)	-0.0248 (0.1212)	-0.2285 (0.0395)	-0.0344 (0.6717)
$\ln A$	0.1859 (0.0161)	-0.2501 (0.0009)	0.1151 (0.0089)	0.1086 (0.0113)	-0.0915 (0.1727)

续表

变量	无固定效应	固定效应	随机效应	空间固定效应	时期固定效应
ln$T$	0. 0212 (0. 6532)	0. 0136 (0. 4885)	0. 0107 (0. 5893)	0. 0089 (0. 6408)	0. 0203 (0. 2971)
ln$S$	0. 3387 (0. 0007)	0. 0544 (0. 4597)	-0. 0557 (0. 4108)	-0. 079 (0. 2494)	0. 0319 (0. 6472)
ln$F$	0. 0137 (0. 8834)	-0. 0120 (0. 6070)	0. 0092 (0. 6923)	0. 0124 (0. 5841)	-0. 0059 (0. 7996)
ln$E$	0. 2807 (0. 3411)	-0. 0474 (0. 8133)	0. 0276 (0. 8743)	0. 0150 (0. 9286)	-0. 0604 (0. 7630)
lnEX	-0. 1533 (0. 2076)	-0. 1675 (0. 0004)	-0. 1359 (0. 0052)	-0. 1373 (0. 0034)	-0. 1494 (0. 0016)
ln$U$	0. 0768 (0. 0015)	-0. 0264 (0. 1279)	-0. 0028 (0. 8703)	-0. 0094 (0. 5796)	-0. 0124 (0. 4663)
lnFD	0. 0432 (0. 5408)	-0. 0184 (0. 5232)	-0. 0277 (0. 3475)	-0. 0343 (0. 2313)	-0. 0126 (0. 6611)
R^2	0. 2251	0. 9527	0. 0385	0. 9429	0. 5758
R^2adj	0. 2102	0. 9468	0. 0201	0. 9380	0. 5535
Log$L$	-212. 0153	458. 9933			
DW	0. 1296	1. 3009	0. 0957	0. 9156	0. 0535

从表5-6中国省（自治区、直辖市）雾霾污染的空间误差模型和空间杜宾模型的各种形式模型估计以及检验结果可以看出，空间固定效应模型SEPDM模型Ⅳ和SDPDM模型Ⅷ估计结果的对数似然值分别为559. 2720和570. 5510，对应的拟合优度系数分别为0. 9728和0. 9736，都相对较高，根据我国实际情况，模型的经济学含义明显。因此本书选择SEPDM模型Ⅳ和SDPDM模型Ⅷ对我国省（自治区、直辖市）雾霾污染各影响因素弹性系数及其空间溢出效应展开实证研究。

表 5 - 6　　省域雾霾污染的空间计量经济模型估计结果

变量	空间滞后面板模型				空间杜宾面板模型			
	无固定效应 I	空间固定效应 II	时期固定效应 III	空间时期固定效应 IV	无固定效应 V	空间固定效应 VI	时期固定效应 VII	空间时期固定效应 VIII
C	3.0373 (0.0219)				1.9219 (0.2208)			
ln$P$	-0.2257 (0.0002)	-0.0705 (0.416)	-0.2753 (0.0002)	-0.0613 (0.4609)	0.0547 (0.4333)	-0.0122 (0.9158)	-0.0105 (0.8864)	-0.2411 (0.0284)
ln$A$	0.3199 (0.0000)	0.0821 (0.0007)	0.3549 (0.0001)	-0.2475 (0.0000)	-0.1502 (0.0742)	0.0261 (0.5498)	-0.0446 (0.6249)	-0.2185 (0.0001)
ln$T$	-0.0393 (0.2935)	-0.0237 (0.0633)	-0.0021 (0.9581)	0.0056 (0.7020)	0.0226 (0.5142)	-0.0050 (0.7664)	0.0333 (0.3516)	-0.0004 (0.9795)
ln$S$	-0.3024 (0.0017)	0.0252 (0.6158)	-0.2485 (0.0034)	0.1574 (0.0043)	0.0080 (0.9327)	0.0651 (0.2374)	0.0511 (0.6051)	0.0509 (0.3853)
ln$F$	-0.0391 (0.4693)	-0.0083 (0.6192)	-0.0166 (0.7806)	-0.0259 (0.1396)	-0.0056 (0.9082)	-0.0060 (0.7332)	0.0192 (0.7098)	-0.0311 (0.0656)
ln$E$	0.1600 (0.5123)	0.0092 (0.8877)	0.5818 (0.3458)	0.0810 (0.5897)	0.3388 (0.3057)	0.2894 (0.0427)	1.0324 (0.0506)	0.1534 (0.2933)
lnEX	0.1140 (0.0000)	0.0039 (0.7396)	0.0807 (0.0037)	-0.0251 (0.0534)	0.0977 (0.0000)	-0.0002 (0.9903)	0.0607 (0.0159)	-0.0149 (0.2521)
ln$U$	-0.2804 (0.0057)	-0.0183 (0.6097)	-0.3214 (0.0027)	-0.0729 (0.0399)	-0.0906 (0.3493)	-0.0292 (0.4252)	-0.1258 (0.2033)	-0.1014 (0.0034)
lnFD	-0.1803 (0.0000)	-0.0062 (0.7807)	-0.2107 (0.0021)	0.0025 (0.9088)	0.0156 (0.7936)	0.0084 (0.7135)	-0.0280 (0.6541)	0.0202 (0.3369)
Wln$P$					-0.2484 (0.0267)	-0.2705 (0.2204)	-0.4874 (0.0003)	-0.2918 (0.1773)
Wln$A$					0.2771 (0.0222)	0.1380 (0.0077)	0.3835 (0.0076)	-0.0398 (0.4662)

续表

变量	空间滞后面板模型				空间杜宾面板模型			
	无固定效应Ⅰ	空间固定效应Ⅱ	时期固定效应Ⅲ	空间时期固定效应Ⅳ	无固定效应Ⅴ	空间固定效应Ⅵ	时期固定效应Ⅶ	空间时期固定效应Ⅷ
WlnT					-0.0743 (0.2081)	-0.0512 (0.0228)	0.0447 (0.5630)	0.0002 (0.9946)
WlnS					-0.1689 (0.3149)	-0.2445 (0.0174)	-0.1633 (0.3760)	-0.3511 (0.0041)
WlnF					0.0313 (0.7124)	0.0200 (0.4797)	0.0155 (0.8795)	0.0150 (0.6232)
WlnE					-0.2346 (0.4018)	-0.3034 (0.0520)	0.0710 (0.8262)	-0.6211 (0.0037)
WlnEX					0.0425 (0.2265)	0.0295 (0.1239)	-0.1251 (0.0096)	0.0087 (0.7194)
WlnU					0.0281 (0.8831)	-0.0085 (0.9217)	-0.2658 (0.2190)	0.0130 (0.8768)
WlnFD					0.2015 (0.1001)	-0.0553 (0.2788)	0.1667 (0.2294)	-0.0840 (0.0988)
ρ	0.3730 (0.0000)	0.8000 (0.0000)	0.3540 (0.0000)	0.7386 (0.0000)	0.7430 (0.0000)	0.7870 (0.0000)	0.7010 (0.0000)	0.6670 (0.0000)
LogL	-134.3397	513.1850	-207.8311	559.2720	-80.4815	522.7228	-736.1596	570.5510
R^2	0.4579	0.9694	0.4673	0.9728	0.6219	0.9703	0.6237	0.9736

5.3.4.2 模型估计结果

1. 空间滞后面板数据模型系数估计结果及分析

表5-6中空间固定效应SEPDM模型Ⅳ的估计结果显示，技

术进步、产业结构、能源价格弹性系数均为正值，产业结构对雾霾污染增长具有显著的正向作用，但是技术进步和能源价格没有通过显著性检验。在不考虑其他因素的影响条件下，产业结构比值每增长1%，可导致我国雾霾污染增长率上升0.1574%，可能和我国目前产业结构还处于转型阶段有关；人口、经济增长、金融发展、国际贸易和城镇化率对雾霾污染起到负向作用，经济增长和城镇化率分别通过了显著性水平检验，经济增长每提高1%会使我国雾霾污染增长率下降0.2475%，这和我国雾霾污染产生的特征相符合。

2. 空间杜宾面板数据模型系数估计结果及分析

表5－6中空间固定效应SDPDM模型Ⅷ估计结果显示，人口、经济增长、技术进步、金融发展、国际贸易和城镇化率系数均为负值，即均对雾霾污染增长具有抑制作用，在不考虑其他因素的影响条件下，经济增长每提高1%，可导致我国雾霾污染增长率降低0.2185%；城镇化率每增长1%，可导致我国雾霾污染增长率降低0.1014%；邻近区域的产业结构升级能够对雾霾污染降低0.3511%的空间溢出效应，能源价格对邻近区域降低雾霾污染的作用通过显著性检验，产生0.6211%的空间溢出效应，雾霾污染具有显著的空间溢出效应。因此，结合本书研究得到的雾霾污染影响弹性系数，可以看出，目前我国产业结构因素导致的雾霾污染问题有待解决，并且需要考虑雾霾污染影响因素的空间作用机制。

3. 空间滞后面板数据模型和空间杜宾面板数据模型溢出效应及分析

表5-6的回归结果还表明：空间滞后效应SEPDM模型Ⅳ的ρ值（0.7386）和固定效应SDPDM模型Ⅷ的ρ值（0.6670）都通过了显著性水平检验，可以看出，在考虑和不考虑解释变量空间邻近滞后效应的情况下，各省（自治区、直辖市）的雾霾污染增长都会导致邻近区域雾霾污染变化。因此可以证明，在分析区域雾霾污染增长的时候，传统的不考虑空间效应的面板数据模型估计结果是有偏的。同时，产业结构的空间滞后项的空间滞后系数显著为负，这表示各省（自治区、直辖市）产业结构存在显著的空间溢出效应并通过0.05%的显著性检验，表明区域间产业转移对雾霾污染有降低作用。能源价格对邻近区域雾霾污染增长有显著的下降作用。可以得出结论，邻近区域雾霾污染影响因素和雾霾污染增长都存在明显的空间溢出性，证明在各省（自治区、直辖市）雾霾污染模型中不但被解释变量间存在交互作用，解释变量之间也存在交互作用。在我国各省（自治区、直辖市）雾霾污染增长过程中，一个省（自治区、直辖市）的不同雾霾污染影响因素能够导致邻近区域的雾霾污染增长上升或下降，省（自治区、直辖市）内影响因素与邻近区域影响因素效果差距不大，共同驱动我国省（自治区、直辖市）雾霾污染的变化，这种空间溢出效应对中国低碳区域低碳经济转型意义重大，因此应该加强时空范围内雾霾污染的区域联动治理。

5.4 本章小结

研究发现2000~2015年间，中国各省（自治区、直辖市）的雾霾污染在空间上具有依赖性，邻近省（自治区、直辖市）的雾霾污染及影响因素的空间溢出效应明显；产业结构对雾霾污染作用的弹性系数为正值，临近区域能源价格和产业结构对雾霾污染具有显著的空间溢出抑制效应，证明产业转移对区域雾霾污染治理作用已经卓有成效；人口、经济增长、金融发展和财政分权对雾霾具有抑制作用，临近区域雾霾污染的空间溢出效应显著。政府部门在制定雾霾污染相关政策和发展规划时，必须考虑区域雾霾污染和影响因素的空间作用机制，实现在时间维度和空间维度上雾霾污染量整体降低。

（1）2000～2015年中国30个省（自治区、直辖市）各年度和16年平均值的全域Moran's I的检验值均显著为正，说明各区域雾霾污染存在显著的正自相关的空间关联模式，并且这种关联程度逐年不断变化，因此未来制定雾霾污染相关政策应该考虑这种关联关系，要根据区域不同特征来实施不同的措施，同时建立区域联动机制，走出雾霾污染防治困境。Moran's I散点图进一步证明了中国省（自治区、直辖市）雾霾污染水平存在显著的空间依赖性即正相关性，大部分省（自治区、直辖市）与邻近区域具有相似的集群特征，较高雾霾污染水平的省（自治区、直辖市）被高雾霾污染水平的省（自治区、直辖市）包围。Moran's I散点的时空跃迁分析结果显示中国区域雾霾污染水平在空间地理分布上具有严重的路径依赖性、明显的集聚性和低流动性的特征，每个省（自治区、直辖市）想要摆脱自身所处的集群存在相当的难度。通过LISA检验，区域雾霾污染的局域空间自相关检验结果显示，中国雾霾污染在区域空间分布上已经形成空间集聚区域：以黑龙江和吉林省为中心，与周边区域组成高雾霾污染水平的空间集群区域，以云南、贵州、湖南、江西、福建、广西、广东和浙江为中心，与周边区域组成低雾霾污染水平的空间集群区域。根据中国雾霾污染的时空演化研究结论，判断出研究中国雾霾污染问题应该考虑空间格局的时空动态演化效应作用机制。

（2）根据中国省（自治区、直辖市）雾霾污染空间格局的空间相关性和格局的时空演化结论，考虑空间效应的作用机制，引入空间滞后经济模型、空间误差经济模型、面板数据空间计量经济学模型等相关理论，从人口、经济发展、技术进步、产业结构、金融发展、能源价格、国际贸易、城镇化率和财政分权九个方面选取影响因素指标作为解释变量，对雾霾污染影响因素问题进行实证分析，可以看出不同影响因素对不同省（自治区、直辖市）的雾霾污染作用机理各不相同，并且区域间差异较大，因此在制定雾霾污染治理政策的时候，要充分考虑时空效应和不同区域的特征。坚持源头防治，全民共治，形成绿色生活方式和绿色发展理念，将提高生态环境质量作为发展的重要指标，提高全社会治理能力，坚定、彻底地实施雾霾污染防治行动。要继续推行经济结构优化，要更加注重经济发展的质量型发展模式，坚持质量第一、效益优先，以供给侧改革为主线，推动效率变革，增强我国整体竞争力。雾霾污染治理采取具有针对性的政策措施，重点推进清洁能源替代发展，转变经济增长方式，加快低碳技术创新，促进产业升级，加速绿色金融发展，合理调整能源政策，保证国际贸易良性发展，通过城镇化带动环境优化，财政分权引导力度进一步加强，建设现代化经济发展体系，同时实现人口、经济发展、技术进步、产业结构、金融发展、能源价格、国际贸易、城镇化率和财政分权不同影响因素的联动，把复杂的雾霾污染问题分解简化到不同层面，坚定不移地贯彻创新、协调、绿色、开放和共享的发展理念，加快大数据和创新型发展，形成有效的运行机制，向高质量、高效率和可持续的方向前进，逐步迈入绿色发展经济社会。

第6章

中国雾霾污染脱钩效应检验

脱钩理论是经济合作与发展组织提出的衡量经济增长与资源消耗或环境污染之间关系的理论，在国内外已经得到了广泛的认可。脱钩代表了经济增长方式的改变，当一个国家或地区经济增长或环境污染速度高于国内生产总值，这个国家或区域就会实现更高的繁荣和可持续发展，从而提高区域竞争力。评估中国雾霾污染脱钩效应，可采用国内外比较权威的脱钩理论方法分析。本章在传统脱钩理论模型基础上，构建中国雾霾污染模型，分析不同区域的雾霾污染脱钩效应，丰富了中国雾霾污染的脱钩理论。

6.1 基于 Tapio 模型的区域雾霾污染脱钩效应检验问题的描述

最早的研究是经济合作与发展组织将脱钩理论应用到农业政策市场和贸易间的分析，一些学者分析了经济发展对资源消耗造成的环境压力关联关系，并提出了相应的对策措施（Vehmas et al.，

2003），还有一些学者对美国经济发展、能源消耗和碳排放的脱钩关系进行分析（Soytasa et al.），塔皮奥（Tapio）利用 Tapio 脱钩弹性方法测算了欧洲交通部门与经济发展的动态脱钩指数变化状况。还有学者对区域水资源与经济增长的脱钩状态进行了分析（Allan et al.，1993），有的学者还采用脱钩指数对生态系统的资源消耗和经济增长进行了评价（Jotzo et al.，2006）。

国内学者对脱钩理论的研究主要集中在能源和环境方面，对经济发展与相关研究对象进行"脱钩"情形的测评研究。庄贵阳运用 Tapio 脱钩指标分析了全球 20 个温室气体排放大国在不同时期的脱钩情况；李忠民等学者利用脱钩理论对山西省建筑部门二氧化碳排放与经济增长之间的关系进行研究，分析了山西省低碳经济的产业发展状态；王倩等学者通过对中国碳排放与经济增长之间的脱钩状态进行研究，认为碳交易体系能将碳排放的外部性转为内部性，促进碳试点区域的资源优化配置。王崇梅利用脱钩指数法分析了中国能源与经济发展的脱钩程度，朱洪利等评估了云南省和贵州省水资源消耗与经济发展的脱钩指数，分析了经济增长对水资源的压力。刘其涛分析了河南省经济发展与碳排放的脱钩指数。脱钩指数研究在环境治理中具有广泛的适用性，但大部分研究缺乏对中国雾霾污染脱钩效应的系统分析，尤其缺少对中国最近几年雾霾污染脱钩效应的系统分析。基于这个目的，首先在系统分析雾霾污染问题的基础上，根据相关统计数据，采用脱钩理论的分析方法研究引起中国雾霾污染的主要影响因素及其贡献率，并对这种雾霾污染特征作了详细分析。

6.2 脱钩模型研究方法

6.2.1 脱钩模型的基本原理

“脱钩”在物理领域是指将两个或多个物理量的作用关系分开。“脱钩”的概念被引入社会经济领域，展开经济发展与环境污染脱钩问题的研究。脱钩理论主要揭示的是两个变量的即期变动趋势分析。自1992年在里约热内卢举行了“世界可持续发展大会”以来，国际社会开始重视经济发展和环境质量之间的关联性。为探讨如何阻断环境质量损害与经济发展之间的关联性，提出了“脱钩”（Decoupling）概念，并开启了“脱钩指标”的理论研究。脱钩指标用来反映经济增长和生态环境保护之间的不确定关系，表示两者之间的压力关系。国外学者大多从节能和减排两方面分析脱钩理论，如分析立陶宛的脱钩情形，将脱钩分为初级脱钩和次级脱钩（Juknys，2003）；利用脱钩弹性指标研究欧洲交通业经济增长与温室气体排放之间的“脱钩”情况，将脱钩分为弱脱钩、强脱钩、扩张连接、衰退脱钩等八项指标，推动了脱钩指标构建的科学性和完整性，促进了脱钩指标的发展（Tapio，2005）；研究了苏格兰地区交通领域经济增长与碳排放之间的“脱钩”关系（David，Gray et al.，2006）。

有学者在20世纪90年代提出了针对全球和发达国家的“四倍

数革命”和“十倍数革命”脱钩目标，以实现资源消耗与经济增长的脱钩（Von Weizscker et al.）。为了确定脱钩目标的实现程度，需要构建一个科学合理的评价模型，对二者的脱钩关系进行量度和跟踪，有些学者通过构造“脱钩”与“复钩”的类型划分与量度模型，对脱钩关系进行有效分析（Vehmas et al.）。这里的“脱钩”是指资源环境消耗的增长速度低于经济发展的增长速度，即资源环境消耗的相对量降低；“复钩”指的是经济增长又重新依赖于资源环境消耗。脱钩理论的评价方法主要分为两种，一种是考察资源消耗总量与经济发展总量之间的脱钩关系，另一种是考察资源消耗强度曲线的变化。通过资源消耗总量与经济发展之间的脱钩弹性指标研究两者所处的脱钩或者耦合的阶段，从而反映出经济发展过程中单位产出所消耗的资源利用强度，也就是通过减少资源强度来实现经济发展和资源消耗以及环境压力的脱钩。

本章参照这一脱钩模型构建方法，对经济增长雾霾污染之间的脱钩关系进行量化及分解，以期对我国经济增长、能源消费、雾霾污染“脱钩”工作进行深入分析与解读。本部分主要涵盖两个层面：一是脱钩评价模型，即经济增长—能源消费与经济增长—雾霾污染脱钩指数及分类标准；二是脱钩评价模型扩展——脱钩指数分解模型。参考塔皮奥在对欧盟15国由运输引起的二氧化碳排放、交通容量以及芬兰的公路交通和GDP的脱钩研究中进一步将脱钩指标细分为连结、脱钩、负脱钩三种状态，以及根据弹性值的不同细分为弱脱钩、强脱钩、弱负脱钩、强负脱钩、增长负脱钩、增长连结、衰退脱钩与衰退连结八大类，本章也根据这种方法进行划分。（如表6-1所示）。

表6-1 脱钩类型

脱钩弹性值	人均GDP变化率	CO_2 强度变化率	脱钩状态
$e<0$	$\Delta GDP/GDP>0$	$\Delta CO_2/CO_2<0$	强脱钩
$0\leqslant e<0.8$	$\Delta GDP/GDP>0$	$\Delta CO_2/CO_2>0$	弱脱钩
$0.8\leqslant e\leqslant 1.2$	$\Delta GDP/GDP>0$	$\Delta CO_2/CO_2>0$	扩张连接
$e>1.2$	$\Delta GDP/GDP>0$	$\Delta CO_2/CO_2>0$	扩张负脱钩
$e<0$	$\Delta GDP/GDP<0$	$\Delta CO_2/CO_2>0$	强负脱钩
$0\leqslant e<0.8$	$\Delta GDP/GDP<0$	$\Delta CO_2/CO_2<0$	弱负脱钩
$0.8\leqslant e\leqslant 1.2$	$\Delta GDP/GDP<0$	$\Delta CO_2/CO_2<0$	衰退连接
$e>1.2$	$\Delta GDP/GDP<0$	$\Delta CO_2/CO_2<0$	衰退脱钩

6.2.2 脱钩指数的测算方法

脱钩指数是脱钩理论中一个重要的衡量脱钩程度的指标，经济合作与发展组织（The Organisation for Economic Co-operation and Development，OECD）计算脱钩指数的公式为

$$DR_t=(EP_t/EP_0)/(DF_t/DF_0) \tag{6-1}$$

其中，EP 表示环境压力，DF 表示经济驱动力，EP_t 表示 t 时期的环境压力，EP_0 表示初期的环境压力。DF_t 表示 t 期经济驱动力，DF_0 表示基期的经济驱动力。脱钩可以为绝对脱钩、相对脱钩。绝对脱钩是指当经济驱动力的增长率递增时，环境压力变量的增长率为稳定或递减；相对脱钩是指经济驱动力的增长率高于环境压力的增长率；而当经济增长率低于环境压力增长率时则为负脱钩。

塔皮奥在分析欧洲经济发展和碳排放关系时，引入交通运输量

为中间变量，脱钩弹性指数计算公式分解为运输量和国内生产总值的脱钩弹性和运输量及雾霾污染的脱钩弹性，脱钩弹性指标的计算公式如下所示：

$$E_{CO_2-GDP} = \left(\frac{\Delta V}{V}\Big/\frac{\Delta GDP}{GDP}\right) * \left(\frac{\Delta CO_2}{CO_2}\Big/\frac{\Delta V}{V}\right) \qquad (6-2)$$

式中，E_{CO_2-GDP}表示经济发展和碳排放两者的脱钩弹性，V表示交通运输量。可以看出，OECD 脱钩弹性指标对于时间段基期相对敏感，不同基期计算出来的脱钩指标差别较大，不具有稳定性。Tapio 弹性指标相对于 OECD 脱钩弹性指标不受统计量纲变化影响，通过恒等式分解可以看出不同因素变化对脱钩弹性指数的作用，弹性指标划分更加精确。

为了进一步深入分析我国经济增长与雾霾污染的协同关系，本章根据交叉脱钩指数的测算方法构建了交叉脱钩指数模型，研究区域间经济增长与雾霾污染的脱钩协同关系：

$$\varepsilon_{rs} = \eta_{ir}/\eta_{is} \qquad (6-3)$$

式中，rs 表示区域 r 与区域 s 的交叉脱钩指数，η_{ir}和 η_{is}分别表示第 i 年区域 r 和区域 s 脱钩弹性系数。本章通过测算区域间交叉脱钩指数，分析区域间经济增长与雾霾污染的脱钩协同关系。为了能够更好地分析区域间经济增长与雾霾污染的脱钩协同程度，根据交叉脱钩指数，将脱钩协同状态分为 10 个对称区间。当 $\varepsilon=1$ 时，表明两个区域的脱钩程度相同，即两个区域脱钩协同状态最佳，当 $\varepsilon<0$ 并且 $F>25$ 时，表明一个区域为最优脱钩状态，当 $\varepsilon<0$ 并且 $F<4$ 时，表明一个区域为最差脱钩状态，另一个区域的 F 值在［5，24］之间，表明两个区域的脱钩程度不协同；当 $\varepsilon>0$ 时两个区域的 F 值都在［5，24］之间，或者两区域的脱钩弹性系数都是负数，并且 ε

值偏离 1 越近脱钩协同状态越好。本章中将 ε 分为 10 个对称区间，区间号相同的组，端点值互为倒数，脱钩协同状态也相同。

6.3 中国区域雾霾污染脱钩关系的实证研究

6.3.1 中国雾霾污染脱钩模型构建

本书研究采用 Tapio 脱钩指标作为雾霾污染发展指数，反映我国不同区域经济转变的速度，对人均国内生产总值和雾霾污染之间的脱钩弹性进行分析，公式为：

$$E_{n+1} = (EP_{n+1} - EP_n)/EP_n/(DP_{n+1} - DP_n)/DP_n \quad (6-4)$$

式中，n 为第 n 年；E_{n+1} 为第 $n+1$ 年脱钩弹性值；EP_{n+1} 为第 $n+1$ 年雾霾污染指标；EP_n 为第 n 年雾霾污染指标；DF_{n+1} 为第 $n+1$ 年人均 GDP 产值；DF_n 为第 n 年人均 GDP 产值。

选取人均国内生产总值和雾霾污染两个指标作为衡量经济增长与雾霾污染关系的主要指标，并收集 2000 ~ 2015 年的经济和雾霾污染相关数据资料，按照脱钩模型进行计算整理。

6.3.2 数据来源与处理

中国各省人口、国内生产总值、雾霾污染可以采用前面章节的统计数据和相关资料结果，并且参考冯宗宪和陈志伟学者的研究方法代入以下公式：

$$R = \sqrt[15]{X_{2015}/X_{2000}} - 1 \qquad (6-5)$$

通过式（6－5）计算得到中国各省（自治区、直辖市）最近15年人均国内生产总值变化率、雾霾污染年均变化率。

6.3.3　脱钩弹性实证分析

首先分析2000～2015年中国各省（自治区、直辖市）总体经济增长与雾霾污染之间的脱钩关系，用各省（自治区、直辖市）国内生产总值变化率除以对应的雾霾污染年均变化率，便可以求得中国各省（自治区、直辖市）2000～2015年国内生产总值与雾霾污染之间的脱钩弹性指标（见表6－2）。

表6－2　　2000～2015年间中国各省（自治区、直辖市）雾霾污染脱钩弹性

地区	国内生产总值变化率	雾霾污染变化率	e	脱钩弹性指标
北京	0.1202	0.0371	0.3090	弱脱钩
天津	0.1384	0.0296	0.2138	弱脱钩
河北	0.0992	0.0280	0.2824	弱脱钩
山西	0.1113	0.0203	0.1826	弱脱钩
内蒙古	0.1487	0.0164	0.1101	弱脱钩
辽宁	0.1045	0.0605	0.5788	弱脱钩
吉林	0.1135	0.0657	0.5791	弱脱钩
黑龙江	0.0836	0.0531	0.6349	弱脱钩
上海	0.0940	0.0435	0.4628	弱脱钩

续表

地区	国内生产总值变化率	雾霾污染变化率	e	脱钩弹性指标
江苏	0.1238	0.0410	0.3313	弱脱钩
浙江	0.1149	0.0060	0.0518	弱脱钩
安徽	0.1187	0.0389	0.3275	弱脱钩
福建	0.1145	0.0180	0.1574	弱脱钩
江西	0.1263	0.0371	0.2939	弱脱钩
山东	0.1189	0.0346	0.2910	弱脱钩
河南	0.1119	0.0139	0.1242	弱脱钩
湖北	0.1244	0.0154	0.1240	弱脱钩
湖南	0.1222	0.0239	0.1958	弱脱钩
广东	0.1140	0.0270	0.2370	弱脱钩
广西	0.1210	0.0355	0.2932	弱脱钩
海南	0.1116	0.0290	0.2595	弱脱钩
重庆	0.1303	0.0063	0.0486	弱脱钩
四川	0.1150	0.0090	0.0780	弱脱钩
贵州	0.1381	0.0061	0.0442	弱脱钩
云南	0.1067	0.0128	0.1203	弱脱钩
陕西	0.1377	-0.0092	-0.0668	强脱钩
甘肃	0.0996	0.0015	0.0155	弱脱钩
青海	0.1180	0.0286	0.2429	弱脱钩
宁夏	0.1325	-0.0192	-0.1447	强脱钩
新疆	0.1049	0.0201	0.1915	弱脱钩

为了分析2000～2015年中国各省（自治区、直辖市）人均经济增长与碳排放强度之间的脱钩关系，用各省（自治区、直辖市）人均国内生产总值变化率除以对应的雾霾污染强度年均变化率，求得中国各省（自治区、直辖市）2000～2015年的人均国内生产总值与雾霾污染强度之间的脱钩弹性指标（见表6－3）。

表6－3　2000～2015年间中国各省（自治区、直辖市）雾霾污染脱钩弹性

地区	国内生产总值变化率	雾霾污染变化率	e	脱钩弹性指标
北京	0.0860	－0.0741	－0.8620	强脱钩
天津	0.1059	－0.0956	－0.9031	强脱钩
河北	0.0922	－0.0645	－0.7026	强脱钩
山西	0.1024	－0.0819	－0.7996	强脱钩
内蒙古	0.1444	－0.1152	－0.7981	强脱钩
辽宁	0.1011	－0.0399	－0.3941	强脱钩
吉林	0.1116	－0.0429	－0.3845	强脱钩
黑龙江	0.0835	－0.0282	－0.3373	强脱钩
上海	0.0648	－0.0462	－0.7125	强脱钩
江苏	0.1174	－0.0737	－0.6272	强脱钩
浙江	0.1024	－0.0977	－0.9539	强脱钩
安徽	0.1180	－0.0713	－0.6043	强脱钩
福建	0.1057	－0.0866	－0.8187	强脱钩
江西	0.1192	－0.0792	－0.6646	强脱钩
山东	0.1122	－0.0754	－0.6716	强脱钩

续表

地区	国内生产总值变化率	雾霾污染变化率	e	脱钩弹性指标
河南	0. 1120	-0. 0882	-0. 7872	强脱钩
湖北	0. 1217	-0. 0969	-0. 7963	强脱钩
湖南	0. 1197	-0. 0876	-0. 7315	强脱钩
广东	0. 0973	-0. 0781	-0. 8024	强脱钩
广西	0. 1203	-0. 0763	-0. 6342	强脱钩
海南	0. 1010	-0. 0744	-0. 7361	强脱钩
重庆	0. 1260	-0. 1097	-0. 8705	强脱钩
四川	0. 1161	-0. 0951	-0. 8189	强脱钩
贵州	0. 1429	-0. 1160	-0. 8120	强脱钩
云南	0. 0985	-0. 0848	-0. 8611	强脱钩
陕西	0. 1347	-0. 1291	-0. 9588	强脱钩
甘肃	0. 0972	-0. 0892	-0. 9178	强脱钩
青海	0. 1084	-0. 0799	-0. 7369	强脱钩
宁夏	0. 1185	-0. 1339	-1. 1306	强脱钩
新疆	0. 0871	-0. 0768	-0. 8816	强脱钩

从表6-3可以看出，2000~2015年各地经济增长与雾霾污染之间的脱钩联系特征如下：从总体状况来看，中国大部分省（自治区、直辖市）雾霾污染与经济增长显示弱脱钩状态，证明我国雾霾污染治理还处于经济发展的艰难的转型阶段，但是仍有个别区域如陕西和宁夏显示出强脱钩特征，这些地区的雾霾污染排放正在逐年降低，雾霾污染强度与人均生产总值的脱钩特征总体显示为强脱

钩，可以看出取得了一定的成就，雾霾污染强度的速度低于这些地区人均经济增长的速度，已经显示出良好的趋势。

6.4 本章小结

本章以脱钩理论为基础，对中国主要省（自治区、直辖市）的经济增长与雾霾污染脱钩效应进行实证分析与比较。首先引入 Tapio 脱钩弹性指标系数对 2000 ~ 2015 年中国雾霾污染与国内生产总值的脱钩状态进行研究，对中国各省（自治区、直辖市）经济发展模式下雾霾污染的脱钩效应进行分析，可以看出由于不同省（自治区、直辖市）的经济发展处于不同的阶段，脱钩指标也不尽相同，雾霾污染与经济增长大多数处于弱脱钩状态，个别区域显示为强脱钩状态，可以看出我国还处于经济发展的关键转型阶段，但是雾霾强度与人均国内生产总值的脱钩指数整体显示为强脱钩状态，可以看出我国实现经济可持续发展已取得一定的成就，我国不同省（自治区、直辖市）一直都采取积极的措施来解决经济增长中的雾霾污染治理问题，并且取得了明显的效果。

第7章

基于区块链技术的雾霾污染协同治理机制研究

2017 年区块链上升为国家战略，2020 年发改委正式将区块链纳入新基建，虽然目前京津冀生态环境治理取得一定的成绩，但是如何在京津冀区域协同发展的背景下，将区块链技术应用到生态环境治理中，对经济、社会的可持续发展具有划时代的意义。雾霾污染协同治理的目的是以最低的人力、物力和经济成本实现高效的共同管理和控制，同时缩短整个治理周期。虽然目前关于雾霾污染问题的已有研究做出了许多有价值的贡献，但是，面对我国雾霾污染协同治理体系还不够完善的情形，雾霾污染协同治理系统作为能减少成本、提高效率的雾霾污染治理模式，其相关研究还处于探索发展阶段。区块链技术应用于雾霾污染协同治理，仍处于刚刚起步阶段。区块链技术驱动下，聚焦雾霾污染协同治理机制方面的研究所见甚少。因此，针对现有研究的不足之处或局限性，迫切需要深入研究区块链技术驱动下雾霾污染协同治理机制及发展对策。

7.1 雾霾污染协同治理设计方法

7.1.1 区块链技术应用于雾霾污染协同治理可行性分析

区块链是信息技术领域的专业术语，是存储信息和数据的共享数据库，具有公开透明、可以追溯和不可伪造等特征，通过网络中不同节点直接的点对点数据传输服务实现域名的查询和解析，因此具有可信任的基础和可合作机制，可以广泛应用到各种行业。随着我国环境污染问题加剧，经济发展和产业升级的需求快速增加，相关部门指导雾霾污染治理机构与能耗企业展开服务。因区块链技术具有分布式、去中心化、信息不可篡改、价值可传递、信息可溯源和身份认证等特征，从方法与技术层面的基于区块链技术的雾霾协同治理智慧平台建设具有可行性。雾霾污染协同治理涉及政府、营利和非营利组织的多元参与方和消费者多个主体以及区块链等新兴技术。因此，分析区块链技术驱动下雾霾污染协同治理的组成要素，具体包括治理主体、被治理者、被监管内容和智慧平台等，并且，还涉及整个系统的治理关系以及雾霾污染治理服务的供给。

7.1.2 区块链技术驱动下雾霾污染协同治理机制组成框架

雾霾污染协同治理是由管理者、管理对象、被管理者组成雾霾污染治理与管理系统。区块链技术驱动下的雾霾污染协同治理系统是由管理者、管理对象、被管理者和区块链技术平台构建，区块链技术驱动下雾霾污染协同治理运行涉及运行主体、运行内容、运行工具和运行环境等。区块链采用的信息加密技术及分布式存储方式有效降低了雾霾污染及相关数据泄露的风险。区块链的加密算法、智能合约和共识机制能保证雾霾污染协同治理系统参与主体在信任的环境下自动安全地交换数据，同时区块链技术的数据不可篡改和溯源功能可以保证雾霾污染协同治理系统数据真实不可篡改，出现问题能够追踪溯源，保证信息的安全性。共享账本分为历史账本、状态账本和区块账本三种，智能合约执行交易的历史记录索引，保存在 Key – Value 数据库中，称为历史账本。保存智能合约数据的最新状态称为状态账本。记录智能合约的交易记录保存在文件中，称为区块账本。共享账本技术与雾霾污染治理相匹配，能够真实保存好数据，同时实时跟踪雾霾协同治理状况。区块链技术为雾霾污染协同治理提供了更加安全的管理平台。

基于博弈论对区块链技术驱动下雾霾污染协同治理进行的分析，传统博弈论的模型包括参与人、行动策略、支付和均衡，其中参与人是博弈过程的决策主体，行动策略是博弈主体的选择策略，支付是参与主体的收益水平，均衡是达到稳定均衡点的稳定策略。博弈理论描述了博弈过程中博弈主体完全知道对方选择的情况下形成的一种理性博弈策略，即知道参与博弈的策略概率、演化规律和收益情况。参与人虽然具有思考推理以及精确计算的能力来使自身收益最大化，但是传统博弈理论有许多不足之处，现实生活中参与主体往往是有限理性的，因此完全理性的理论无法满足现实博弈的要求。例如，在现实生活中，由于经济环境的影响，个人、企业或组织很难在复杂的经济环境中做出精确的判断和推理，导致出现失误的决策现象，给自身带来损失。同时，传统博弈论不能解释博弈双方趋于均衡状态的动态行为的稳定情况，它只能体现一个静态的过程，而且都是通过完全理性的假设和数学推导得出的结论，从而缺乏现实意义。

随着时代的发展，从 20 世纪 90 年代开始学者们为弥补传统博弈论的缺陷，演化博弈论应运而生，并开始被许多学者研究和重视。演化博弈论是能够描述和刻画博弈主体之间动态博弈过程并能利用博弈理论分析具体的动态过程的演化稳定策略。演化博弈论与传统的博弈论在方法论上有所不同，演化博弈论重点研究了一种动态化的均衡策略，而不是传统静态化的均衡策略。1970 年史密斯（Smith）和普瑞林首次提出演化稳定策略的概念，研究学者受到生物进化论的启发，在传统博弈论的基础上提出了演化博弈理论。演化博弈论能够描述和解释生物进化逐渐演变的过程和某种现象。近年来，随着演化博弈理论的研究范围逐渐拓展和研究内容的复杂性增加，许多专家学者将演化博弈论应用到了计算机领域、金融领域等。演化博弈论运用到经济学领域能够较好地解释经济市场的动态博弈过程，分析影响因素以及关键影响因素之间相互的作用关系，能够有效地把控市场经济规律，从而能够做出相应的优化调控措施。不仅能够把握经济市场演化规律，而且也能够进行有效调控，并且起到非常重要的作用。在社会经济领域的演化博弈论相关系统中有限理性的博弈双方具有模仿和学习的能力，并通过对外界复杂因素的影响做出相应的动态调整，从而实现自身的稳定均衡状态。

演化博弈模型通过对具体问题进行分析和假设，并找到影响具体问题的关键影响因素，通过选取科学的指标体系，构建一种不同理性群体的动态学习过程对演化博弈均衡点进行分析，发现演化博弈模型存在局部稳定性，从而分析博弈的演化稳定策略，并能够判断动态模型的稳定性是否收敛于纳什均衡。演化博弈论的基本要素包括参与群体、支付函数、动态演化博弈模型和演化均衡策略。其中参与群体是指博弈的决策主体，包括不同类或同类的参与群体，每个参与群体都是理性参与主体。通过支付函数表示博弈双方的收益情况，收益函数与博弈双方的选择策略概率及其对应的收益分布相关。

演化稳定均衡概念是演化博弈理论中最核心的理论，该均衡策略反映了博弈双方最后实现的稳定状态。演化博弈模型一共有三个特征：首先是研究对象是具体的参与群体，通过分析群体的影响因素和作用关系对动态演化过程进行分析，从而确定博弈主体如何通过关键的影响因素达到自身利益最大化的状态；其次是针对生物进化理论的启发，该群体的演化选择过程也存在突变的情况；最后是根据纳什均衡的分析和均衡点的分析，群体的选择策略存在一定的演化规律。

可以看出，演化博弈理论能够很好地刻画博弈主体之间的关系，在分析信息共享主体利益决策方面，现实环境中存在着诸多不确定因素，但是通过该理论建立的博弈模型能够对影响因素进行动态的调整，对影响信息共享主体策略的主体进行优化控制，利用演化博弈模型通过微观层面探讨博弈主体之间互动的关系和现象。因此，演化博弈论能够描述和刻画博弈方式之间动态建模的方式来模拟博弈状态，以期实现激励，并提出相关对策和建议。

基于演化博弈理论，从雾霾污染治理机构和政府部门两个有限理性的群体中选取一个成员进行博弈，通过不断学习和进化达到演化均衡。雾霾污染治理机构在提供服务环境中，选择（区块链技术、传统溯源技术）提供溯源信息，政府的行为策略为积极监管或消极监管。区块链技术为雾霾污染协同治理机构和相关企业、政府以及公众提供溯源服务以及更详细和透明的溯源信息，保证了从雾霾污染治理到消费者的服务质量，当雾霾污染治理出现问题时，可以进行整改，减少对消费者和环境的影响。政府的监管行为可以进一步保证雾霾污染治理服务质量，提高雾霾污染治理机构选择区块链技术提供溯源信息的比例，增加公众对雾霾污染治理的信任。据此建立雾霾协同治理机构与政府的博弈模型，分析二者的均衡问题，假设如下：

假设1：雾霾污染协同治理机构及企业使用传统溯源技术提供溯源信息的基本收益为 R_1，选择区块链技术增加的额外成本为 C_1，因此增加的额外收益为 βR_1，β 的大小取决于雾霾污染治理接受者对于使用区块链技术的溯源雾霾污染治理的支付意愿。例如，通过调查发现受教育程度较低和环保意识差的公众相比普通雾霾污染治理接受者对可溯源信息详细的服务有更高的支付意愿。

假设2：公众对政府监管的信任程度会正向影响公众对可溯源服务的支付意愿。即当政府积极监管时，公众会更青睐于选择溯源雾霾污染治理服务，雾霾污染协同治理机构以及相关企业因此获得的额外收益为 T。

假设3：雾霾污染协同治理机构和相关企业选择提供溯源信息

时，政府获得的基本收益为 R_2，雾霾污染协同治理机构和相关企业选择区块链技术提供溯源信息时政府获得的收益为 $(1+\alpha)R_2$，α 为政府的收益系数，具体可以体现为政府的名誉提高和增加未来的潜在收益等。

假设4：政府的监管成本为 C_2。当雾霾污染协同治理机构和相关企业选择传统的溯源技术时，由于信息可靠性低，发现服务和产品质量问题时无法明确责任主体，政府需要消耗治理成本 C_r 来处理相关纠纷以及安抚服务接受者等。

假设5：当政府积极监管时，针对选择区块链技术的雾霾污染协同治理机构和相关企业实施激励政策，提供政府补贴或贷款优惠，则雾霾污染协同治理机构和相关企业获得的激励收益为 E。而针对选择传统技术提供溯源信息的雾霾污染协同治理机构和相关企业则会相对应地征收税费，记为 Z。

假设6：雾霾污染协同治理机构和相关企业选择区块链技术策略的比例为 $x(x\in[0,1])$，选择传统溯源技术的比例为 $1-x$；政府选择积极监管的比例为 $y(y\in[0,1])$，消极监管的比例为 $1-y$，则相对应的收益矩阵见表7-1。

表7-1　雾霾污染协同治理机构与政府的收益矩阵

		政府	
		积极监管	消极监管
雾霾污染治理机构	区块链技术（x）	$(1+\beta)R_1-C_1+T+E$, $(1+\alpha)R_2-C_2-E$	$(1+\beta)R_1-C_1$, R_2
	传统溯源技术（$1-x$）	R_1-Z+T, $R_2+Z-C_2-C_r$	R_1, R_2-C_r

演化稳定过程策略求解，雾霾污染协同治理机构和相关企业选择区块链策略的适应度为 $U_{1x}=y[(1+\beta)R_1-C_1+T+E]+(1-y)[(1+\beta)R_1-C_1]$；雾霾污染协同治理机构和相关企业选择传统溯源技术策略的适应度为 $U_{1n}=y(R_1-Z+T)+(1-y)\ R_1$；则雾霾污染协同治理机构和相关企业的平均适应度为 $U_x=xU_{1x}+(1-x)U_{1n}$。根据 Malthusian 方程，可得雾霾污染协同治理机构和相关企业的复制动态方程为

$$F(x)=\mathrm{d}t/\mathrm{d}x=x(U_{1x}-U_x)=x(1-x)[\beta R_1-C_1+y(E+Z)]$$

$$F'(x)=(1-2x)[\beta R_1-1+y(E+Z)]$$

令 $F(x)=0$，则 $y^*=C_1-\beta R_1Z+E$，此时 $x=0$ 或 $x=1$，其中 $F(x)$ 表示随时间变化，雾霾污染协同治理机构和相关企业选择区块链技术提供溯源信息的概率的变化率。

当 $F(x)>0$ 时，表示随时间的变化，雾霾污染协同治理机构和相关企业选择区块链技术提供溯源信息的概率不断增加；当 $F(x)<0$ 时，表示随时间的变化，雾霾污染协同治理机构和相关企业选择传统溯源技术的概率不断增加。

当 $C_1-\beta R_1>0$ 时，即成本增量大于收益增量，雾霾污染协同治理机构和相关企业亏损，结合复制动态方程可得，当政府选择积极监管的比例 $y=y^*$ 时，此时雾霾污染协同治理机构和相关企业选择区块链技术提供溯源信息的比例 x 为稳定状态；当政府选择积极监管的比例 $y\neq y^*$ 时，雾霾污染协同治理机构和相关企业选择区块链技术与选择传统溯源技术都为稳定状态。演化经济学表明，当政府选择积极监管的比例 $y<y^*$ 时，雾霾污染协同治理机构和相关企业选择传统溯源技术是稳定状态；当政府积极监管的比例 $y>y^*$ 时，

雾霾污染协同治理机构和相关企业选择区块链技术呈稳定状态，这表明政府监管的态度影响企业是否选择区块链技术提供溯源信息，即政府越倾向于积极监管，则雾霾污染协同治理机构和相关企业越有可能选择区块链技术。当 $C_1-\beta R_1<0$ 时，此时成本增量小于收益增量，雾霾污染协同治理机构和相关企业盈利，结合复制动态方程可得 $x=1$ 是系统唯一的演化稳定策略。此时，无论政府采取何种策略，选择区块链技术策略始终是雾霾污染协同治理机构和相关企业的演化稳定策略。同理，政府的复制动态方程为$F(y)=\mathrm{d}y/\mathrm{d}t=y(U_{1y}-U_y)=y(1-y)[(\alpha R_2-E)x+(1-x)Z-C_2]$，则 $F'(y)=(1-2y)[(\alpha R_2-E)x+(1-x)Z-C_2]$。令 $F(y)=0$，则 $x^*=(C_2-Z)/(\alpha R_2-E-Z)$，$y=0$ 或 $y=1$。其中，$F(y)$ 表示随时间变化，政府选择积极监管概率的变化率。$F(y)>0$ 表示随时间的变化，政府选择积极监管的概率不断增加，反之则相反。对上述政府的复制动态方程分析可得，当雾霾污染协同治理机构和相关企业选择区块链技术的比例为 $x=x^*$ 时，$F(y)=0$，表明政府选择积极监管的比例恒为稳定状态；当雾霾污染协同治理机构和相关企业选择区块链技术的比例为 $x\neq x^*$ 时，政府选择积极监管与消极监管都是稳定状态。其中，当雾霾污染协同治理机构和相关企业选择区块链的比例为 $x<x^*$ 时，政府选择消极监管是稳定状态，反之，政府选择积极监管为稳定状态。

由上述分析可得一个二维动力系统（O）：

$F(x)=x(1-x)[\beta R_1-C_1+y(E+Z)]$ 和 $F(y)=y(1-y)[(\alpha R_2-E)x+(1-x)Z-C_2]$，对于上述的二维动力系统，令 $F(x)=0$，$F(y)=0$，可求解得出系统 O 的局部稳定点为(0，0)、(0，1)、

(1，0)、(1，1)、(x^*，y^*)，其中 $x^*=(C_2-Z)/(\alpha R_2-E-Z)$，$y^*=(C_1-\beta R_1)/(Z+E)$。

根据上述分析，可得雅克比矩阵为

$$
\begin{matrix}
(1-2y)[(\alpha R_2-E)]x+(1-x)Z-C_2 & y(1-y)(\alpha R_2-E-Z) \\
x(1-x)(Z+E) & (1-2x)[\beta R_1-C_1+(E+Z)y]
\end{matrix}
$$

在二维动态系统中，当局部平衡点满足 $detJ>0$，$trJ<0$，那么这个点就是局部渐进平衡点，称为演化博弈的稳定策略，即 ESS。根据雅克比矩阵进行系统的稳定分析，如表 7－2 所示。

表 7－2　　　　局部稳定性分析

平衡点	trJ	$detJ$	局部稳定性
(0，0)	－	＋	ESS
(0，1)	＋	＋	不稳定
(1，0)	＋	＋	不稳定
(1，1)	－	＋	ESS
(x^*，y^*)	0	－	鞍点

根据分析结果可以看出，(0，0)、(1，1) 为 ESS 点，(1，0)、(0，1) 是不稳定点，(x^*，y^*) 是鞍点，此时的演化稳定策略为雾霾污染协同治理机构和相关企业选择区块链技术的同时政府积极监管，又或者雾霾污染协同治理机构和相关企业选择传统溯源技术而政府消极监管。但是系统演化到哪一种状态与其原始状态和支付矩阵相关，由 (0，1)、(x^*，y^*) 和 (1，0) 的连接线构成了两个状态的临界线。

政府和雾霾污染协同治理机构和相关企业的策略博弈容易演化为帕累托最优解（1，1），即雾霾污染协同治理机构和相关企业选择区块链技术，政府积极监管；当雾霾污染协同治理机构和相关企业的策略位于 B 区域时，二者博弈则会演化为帕累托最劣均衡解（0，0），即雾霾污染协同治理机构和相关企业选择传统溯源技术，政府选择消极监管。可以看出，应使系统尽可能地收敛于帕累托最优解（1，1），而区域 A 和 B 的面积大小则决定了系统最终会收敛于哪个状态，SA 和 SB 分别表示两个区域的面积，则 $SB=12(x^*+y^*)$，$SA=1-SB$。当 $SA>SB$ 时，双方选择（区块链技术，积极监管）的概率大于（传统溯源技术，消极监管）的概率；当 $SA<SB$ 时，双方选择（区块链技术，积极监管）的概率小于（传统溯源技术，消极监管）的概率；若 $SA=SB$ 时，双方选择（区块链技术，积极监管）的概率等于（传统溯源技术，消极监管）的概率。SA 与 SB 的大小取决于鞍点 $D(x^*, y^*)$ 的位置，其与雾霾污染协同治理机构和相关企业选择区块链的额外成本 C_1、雾霾污染治理接受者的支付意愿 β 以及政府对雾霾污染协同治理机构和相关企业的补贴 E 与税费 Z 等因素有关。

第一，雾霾污染协同治理机构和相关企业选择区块链的额外成本 C。y^* 是 C 的单调增函数，当其他因素不变时，使用区块链技术成本越低，SA 就越大，此时该系统收敛于（1，1）的概率不断增大，双方选择（区块链技术，积极监管）策略的概率增大，即企业越有动力去选择区块链技术，政府也有动力积极监管。

第二，雾霾污染治理接受者的支付意愿 β。y^* 是 β、R_1 的单调减函数，雾霾污染治理接受者的支付意愿越高，则 SA 就越大，此时该系统收敛于（1，1）的概率不断增大，双方选择（选择区块链技术，积极监管）策略的概率增大。

第三，政府对雾霾污染协同治理机构和相关企业征收的费用 Z。x^* 与 y^* 是 Z 的单调减函数，由此可见，其他因素不变时，随着政府加大收费力度，SA 也就越大，此时该系统收敛于（1，1）的概率不断增大，双方选择（区块链技术，积极监管）策略的概率增大。

第四，政府对雾霾污染协同治理机构和相关企业的补贴 E。E 对 SB 的影响是非单调的。因此对 SB 求关于 E 的二阶导数，得到二阶导数恒大于0，即当其他条件不变时，随着 E 的变化，SB 将取得极小值，此时系统收敛于（1，1）的概率最大。

7.2　区块链技术驱动下雾霾污染协同治理的运行机制

扎根理论是社会科学研究中重要的研究范式，也是质性研究的主要研究方法。雾霾污染研究中涉及许多需要进行定性分析的问题，利用扎根理论的特点与优势，研究雾霾污染问题中适用扎根理论的情境与程序，具有重要的意义。扎根理论（Grounded Theory）最早由美国社会学家格拉塞和斯特劳斯（Strauss & Glaser，1967）提出，其后经过不断发展和完善，逐渐形成了一个完整的方法论体系，至今已分化出三个既有联系又不完全相同的技术流派：经典扎根理论、程序化扎根理论以及构建主义扎根理论。扎根理论在形式上表现为一种系统的数据收集与分析方法，在逻辑上强调从经验数据中构建理论，在方法上属于从原始数据中不断提炼核心概念的归纳方法，在特点上重视构建的理论不被研究者经验所局限。

用扎根理论分析雾霾污染问题是一个动态的研究过程，既有规范的研究步骤和方法，又需要研究者根据研究的进展进行动态调整。其流程主要分为确定研究问题、数据收集、数据处理和理论构建四个阶段。首先确定研究问题，针对雾霾污染问题的模糊认识，在与不同主体的互动和情境中发现和提出研究问题，直到确定具有广泛性和针对性的问题。经典扎根理论为理论性抽样的抽样方式，根据研究过程中形成的概念进行抽样和数据收集，通过多种取样相结合，选择典型性的对象进行初步研究。理论抽样阶段可以从不同的数据来源开展数据收集工作，并进行数据分析。基于雾霾污染问题理论构建对所收集的数据进行排序，数据处理是实质性编码过程，包括开放性编码和选择性编码，这是基于数据构建雾霾污染问题理论的关键环节。开放性编码通过对数据逐行编码将其逐层抽象化、概念化，通过比较不断打破概念并重建，整个过程中参与者保持完全开放的态度，不做任何预设编码。核心概念出现后对与核心概念产生重要关联的数据进行选择性编码，核心概念成为进一步收集数据和理论性抽样的指导。这个过程不断循环进行，当核心概念已达到饱和的时候转入理论构建阶段。理论性编码把实质性编码中形成的概念组织起来形成相关问题的雾霾污染问题理论，概念间有并列、因果和递进等关系。以新收集到的数据是否对理论构建产生新的贡献来判断理论是否达到饱和，如果达到饱和则可以结束工作，否则就调回继续进行理论取样、数据收集与分析等步骤，直到理论饱和。理论构建完成后采用多种方法进行讨论分析，构建的雾霾污染问题理论与既有理论进行比较等。

开放性编码即一级编码，对获得的所有文本数据资料进行逐条分析并从语言层面和语境层面对其进行概念化，剔除与本研究无关的概念，同时关注概念与概念之间的关系，将表达意思相同的概念进行合并，并将形成的概念与原始资料不断比较分析，直到没有新概念出现为止。主轴性编码也称为关联式编码，通过聚类分析对在一级编码过程中所形成的概念进行归类、抽象、提升和综合，通过主题词的提取过程把近似编码形成相对应的次要类属和核心类属。选择性编码又称三级编码，通过对所有已发现的概念类属中经过系统的分析选择一个“核心类属”，将分析集中到那些与核心类属有关的码号上面。由于核心类属具有统领性地位，因此将大部分研究结果包含在一个比较宽泛的理论范围之内。对主要类属之间的关系进行比较和反复分析后，最终形成主要因素。扎根理论适用于基于现象提炼概念的雾霾污染问题横向平台构建与基于事件发生时间的雾霾污染问题纵向理论构建两类应用场景，应用扎根理论分析雾霾污染问题既需要遵照规范的研究步骤和方法，也需要根据研究的进展进行动态调整，因此研究者具备一定的雾霾污染问题理论敏感性。

区块链从架构上看是去中心化的，区块链去中心化雾霾污染问题协同治理控制模式是通过雾霾污染问题系统输入端增加数据要素，通过技术的应用层对任务目标进行编程，然后对标模块读取生产系统产生的各种数据，并与智能标准进行对标，激发智能合约状态，将对标结果反馈给系统终端，同时按照标准偏差实时调整系统参数的控制流程，最终输出合格的匹配目标，以便提供满意的雾霾污染治理方案。结合区块链技术的去中心化特征，建立“区块链去中心化雾霾污染问题协同治理控制”模式，基于区块链技术的雾霾污染问题协同治理系统中监控管理中心属于分布式管理系统的监控模式，控制管理中心的任务通过智能合约模块自动完成，因此基于区块链技术的雾霾污染协同治理系统具有去中心化、智能化和高效率等优点。

7.3 区块链技术驱动下雾霾污染协同治理的动力和约束机制

区块链技术已经嵌入很多领域，不同领域的特质和遇到的困境也带来了一些迫切需要解决的问题，并且区块链技术可以通过网络中不同节点直接的点对点数据传输服务实现域名的查询和解析，使雾霾污染问题用户的数据得到保护，确保重要操作系统和固件不被篡改，同时保证监控软件的完整性。智能合约可以基于不可篡改的数据，执行已经定义好的条款和规制，保证使用雾霾污染治理系统所传输的数据真实并且完整。针对雾霾污染协同治理涉及政府、营利和非营利组织的多元参与方、公众消费者多个主体以及区块链等新兴技术，构建区块链技术驱动下雾霾污染协同治理系统，如图 7 - 1 所示。

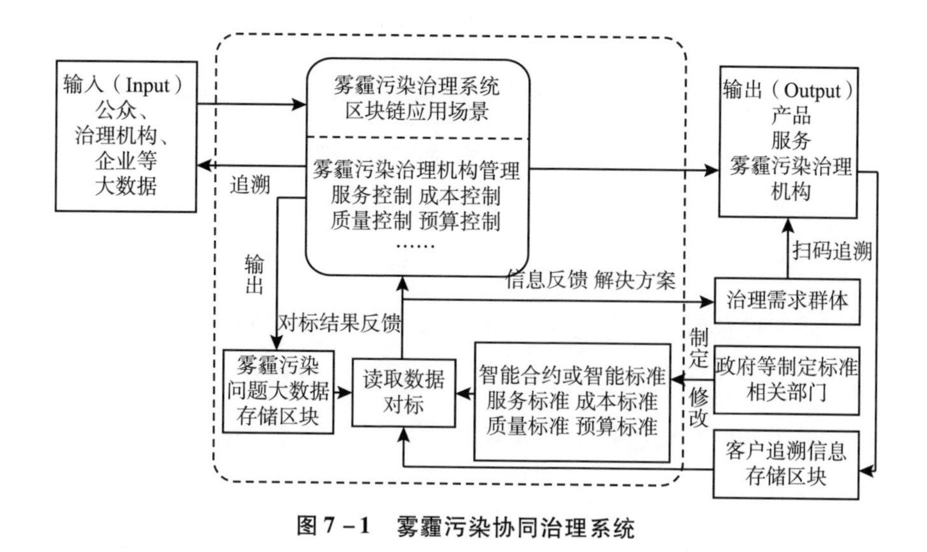

图7－1　雾霾污染协同治理系统

7.4　基于区块链技术的雾霾污染协同治理框架

区块链技术为雾霾污染治理的发展提供了有力的技术保证，故提出基于区块链的雾霾污染协同治理框架。该框架综合考虑了公众、机构和政府部门等，利用区块链技术实现了雾霾污染治理的有机联系。基于区块链技术的雾霾污染协同治理还面临着许多挑战，但也具有很多技术优势。

从实践的角度来看，区块链技术在雾霾污染治理领域中的应用还处于萌芽和测试阶段，在雾霾污染治理系统中广泛应用和获得监管部门的认可还面临着很多挑战。雾霾污染治理数据存储方面，在建立分布式协同治理区块链后，交互数据快速增加，需要安全等级高、容量大的存储设备，通过建立雾霾污染治理大数据存储中心，可提高区块数据验证和运算速度，从而促进雾霾污染治理协同治理的发展。

从技术的角度来看，积极建设基于区块链技术的雾霾污染治理开源社区，促进雾霾污染治理系统内部和外部的互通交流。完善区块链技术平台功能的同时，加强雾霾污染治理系统内各构成部分的合作，广泛应用互联网技术，构建雾霾污染治理的合作交流的平台，研发符合新一代信息技术下雾霾污染治理协同治理系统的设备，快速开发物联网、云计算和人工智能在雾霾污染治理中的应用，解决基于区块链技术的雾霾污染协同治理过程中的资料共享、技术贡献和方案研讨问题。

从长期角度来看，区块链技术能够为雾霾污染治理提供无限的发展空间，雾霾污染治理的核心是服务，利用区块链技术加强雾霾污染治理的协同治理，不仅仅是便捷和高效，更要体现生态环境保护的发展理念。

7.5 本章小结

区块链是存储信息和数据的共享数据库，具有公开透明、可以追溯和不可伪造等特征。本书针对区块链技术具有分布式、去中心化、信息不可篡改、价值可传递、信息可溯源和身份认证等特征，分析区块链技术应用于雾霾协同治理智慧平台建设的可行性，提出了基于区块链技术的雾霾污染协同治理系统，确保重要操作系统和固件不被篡改，保证监控软件的完整性，保障了雾霾污染数据信息采集、传输、存储和共享的安全性，促进雾霾污染治理的准确性、及时性和可溯性，满足雾霾污染治理的需求，探究区块链技术驱动下雾霾污染协同治理机制。总之，结合区块链技术的雾霾污染协同治理体系机制，能够保障涉密数据的安全性，并保证了政府、相关组织和众多主体合作的稳定性和及时性。区块链技术的嵌入，能够促进雾霾污染治理用户之间提高信任、提高雾霾污染治理的质量及促进未来发展的应用，提高雾霾污染协同治理的工作效率，满足现代化协同治理系统的需求。

第8章

中国雾霾污染联防联控治理机制研究

目前我国经济已由高速增长阶段转向高质量发展阶段，因此对区域协调发展提出了新的要求。不同地区要发挥区域优势，优化发展并且合理分工，构建全国高质量发展的新动力源，促进相对平衡发展。根据前面几章的中国雾霾污染理论分析和实证研究，可以看出中国雾霾污染不同区域具有不同的特征，不同影响因素的作用机制也不同，并且区域雾霾污染具有空间依赖性、集群效应和路径依赖特征，雾霾污染和不同影响因素具有空间溢出效应，邻近区域雾霾污染和影响因素会产生空间溢出，因此需要根据雾霾污染联防联控机制分析我国雾霾污染问题。通过以上各章的研究，我们得到了全面、客观和具有启发性的结论，这些研究相互补充，能够对中国雾霾污染问题进行全方位的解析，也为中国雾霾污染问题提供了科学的理论依据，对中国雾霾污染后续研究提供了理论支持。

8.1 中国雾霾污染联动机制

联动机制是世界各国金融机构采用的信贷经营模式，联动主要指信贷资金对关联的项目或者产业链相邻的产业环境给予信贷支持。联动机制顺应了产业链上的企业或产业对信贷资金的链条需求，信贷活动可以实现加倍式的信贷资金投放效果。联动机制还实际应用在粮食收购、调销和加工等环节。早在2013年，社科院和气象局就联合发布《气候变化绿皮书》，指出我国雾霾污染天气呈现增加趋势，污染呈现区域污染抱团的趋势，因此，为了有效解决空气污染问题，实现雾霾污染治理必须实施区域联防联控机制，并可以考虑在管理体制方面进行制度创新，建立跨区域的空气污染联防联控相关政策措施。

雾霾主要由大量悬浮颗粒物在特定气象条件下堆积形成，悬浮物主要来自工业污染、汽车尾气排放、燃煤和建筑扬尘等。我国环境治理涉及多部门、广领域的复杂局面，雾霾污染治理必须不同区域联动起来，建立健全跨区域和跨部门的环境治理联动机制，整合优化环境治理资源，形成雾霾污染治理合力，提升雾霾污染治理效率。同时通过环境治理应急管理部建立应急环境管理协同机制，将国家各类专业环境治理力量合理编组，明确治理方法和时机，能够迅速针对环境污染状况，有序实施专业化治理。

区域协调发展是中共十六届三中全会提出的“五个统筹”战略之一，一直属于国家战略，需要通过合作互助，健全市场机制来逐步降低区域差异，达到区域共同发展的目标。空气污染的防治道路还很长，需要不同区域携起手来，共同联防联控，建立预警联动机制，形成统一的联防联控体系，形成相互协同的标准和政策措施。雾霾治理，特别是协同治理空气污染，最重要的就是把发展的路径选好，中国雾霾污染问题可以从人口、经济发展水平、技术进步水平、产业结构、金融发展、能源价格政策、国际贸易、城镇化率和财政分权九个方面进行分析。

8.2 中国雾霾污染联防联控机制

8.2.1 基于人口要素的联防联控机制

根据发达国家雾霾污染治理的成功经验，例如洛杉矶和伦敦等城市，人口增长和雾霾治理可以同时实现，提升空气质量不一定需要降低人口规模。人口要素对环境既有负面影响又有正面影响，这与工业化发展的不同阶段具有密切的关系。我国雾霾形成的宏观原因主要由于工业化的高度发展，环保标准过低的同时执行不到位。根据前面第 3 章第 3.2 节的研究结论可以看出，人口规模也是与雾霾污染相关的主要原因，根据第 4 章第 4.3 节空间经济模型的研究结果可以看出，我国人口增长对雾霾污染的加剧并没有出现想象中的作用机制。但是我们仍要加强区域雾霾污染联防联控，可以通过区域的社会转型，号召人民群众积极参与环境治理，同时随着经济发展，通过提高生活品质和素质，强化环境保护意识，促进社会整体转型。雾霾污染的治理也需要人口要素来解决，通过提高环境质量的相对效用，激发雾霾污染治理动力，提升环境保护和雾霾污染治理所需要的财力和技术，反之，控制人口要素会造成我国人口老龄化进一步恶化。因此要提高公众环境保护意识，推动绿色消费，形成政府、企业和公众共同治理体系，努力形成雾霾污染治理领域政府和社会公众互助的责任共同体。

8.2.2　基于经济发展水平的联防联控机制

2005 年 8 月时任浙江省委书记习近平首次提出“绿水青山就是金山银山”[①]，2017 年 10 月 18 日习近平总书记在党的十九大报告中强调要坚持人与自然和谐共生[②]。根据第 3.2 节研究结论可以看出，我国经济增长与雾霾污染的绝对关联关系相对较低，相对关联关系相对较高，主要城市综合关联关系位于第 6 位。根据第 4.3 节的研究结果可以看出经济增长没有促进雾霾污染，第 5 章的研究成果显示经济增长与雾霾污染的脱钩大多为弱脱钩状态，证明我国经济绿色转型取得了一定的成绩，但是仍然处于经济转型的关键期，应结合第 5 章研究结论，考虑经济发展和雾霾污染的空间溢出效应，实施区域联防联控机制，加强区域一体化建设，建立长三角、京津冀和长江经济带发展等区域政府合作机制，设置区域雾霾污染联防联控管理机构和控制目标，加快中国从部分到整体经济发展的同时实现雾霾污染治理。目前我国有的区域已经践行“把绿水青山建设更

---

① 习近平．论坚持人与自然和谐共生［M］．北京：中央文献出版社，2022.

② 中国共产党第十九次全国代表大会文件汇编编写组．中国共产党第十九次全国代表大会文件汇编［M］．北京：人民出版社，2017.

美，金山银山做得更大”的理念，实现经济发展与雾霾治理“双赢互促”，让经济增长迈上新台阶，实现美丽中国的建设。

8.2.3 基于技术进步水平的联防联控机制

根据前面章节的研究结果可以看出，目前我国区域技术进步的灰色关联关系较低，技术进步对雾霾污染的降低没有起到显著作用。2014 年我国在珠三角已经建立大气污染联防联控技术示范区，组建了覆盖全区域的空气质量监测预警网络系统，形成区域空气质量管理运行机制。参考珠三角的技术示范区经验，我们要加快建设雾霾污染联防联控技术示范区，形成雾霾污染治理联防联控运行机制，发挥技术创新对雾霾污染治理的作用。雾霾污染防治工作中，技术进步起着至关重要的作用。雾霾污染治理也是一项长期而艰巨的任务，需要不同区域联合起来，通过区域技术传输和影响，进行区域合作，解决雾霾污染源问题，降低雾霾污染总量。不同区域都要积极采取切实的行动，推动科技成果应用到不同领域，发展技术进步在雾霾污染治理中的作用，进行污染源和污染总量的控制。

8.2.4 基于产业结构的联防联控机制

区域协同发展上升为国家战略的同时，地区之间深化产业合作也取得重要进展。例如，京津冀区域产业协同发展稳定中提速，以北京为首成立空气防治协作小组，并建立协同发展示范区和空气污染联防联控工作机制，联防联控的力度正在逐渐加大。同时产业结构协同发展要注入创新活力，争创协同创新的领头羊，加快落后产能调整，聚焦新业态、新产业、新技术和新模式的发展方向，加强合作机制，对能源总量和产业结构布局等方面进行统筹规划，进一步实现区域产业结构协调发展。

8.2.5　基于金融发展的联防联控机制

2017 年政府工作报告中首次提到“绿色金融”这个词，指出要大力发展普惠金融和绿色金融，可以看出绿色金融已经成为我国的战略目标和发展规划。2015 年 9 月《生态文明体制改革总体方案》指出要建立绿色金融体系，中共中央在“十三五”规划建议中再次强调要发展绿色金融，可以看出绿色金融发展已经成为我国重要的发展规划和战略目标。深化绿色金融发展，要积极推动基础性和关键性改革措施，激发内生发展动力。

8.2.6　基于能源价格的联防联控机制

从第 3 章灰色绝对关联度分析结果可以看出，北京能源价格与雾霾污染的绝对关联度很高，仅次于产业结构，河北省能源价格与雾霾污染的绝对关联度最高，其他城市的能源价格与雾霾污染的绝对关联度也都很高。大多数城市的能源价格与雾霾污染灰色相对关联度都低于国际贸易以及金融发展与雾霾污染的灰色关联度，个别城市高于人口与雾霾污染的灰色相对关联度。能源价格与雾霾污染的综合关联度也相对较高。根据第 4 章空间计量模型实证分析结果可以看出能源价格对雾霾污染的降低效应并不显著，但是区域间能源价格对雾霾污染具有空间溢出的抑制效应。因此，通过能源价格治理雾霾污染具有重要意义，并且根据第4章的研究结论可以看出，通过能源价格调整实现区域间雾霾污染治理的联防联控势在必行。2020年2月23日国家发改委召开的联防联控机制新闻发布会上指出要降低企业用气成本，实施淡季价格，可以看出通过能源价格调整实施联防联控是非常重要的战略。同时通过能源价格相关政策的宏观调控可以实现雾霾污染治理，同样可以实现雾霾污染治理的联防联控战略。

8.2.7 基于国际贸易的联防联控机制

根据第3章研究结论可以看出，国际贸易与雾霾污染的灰色绝对关联度高于经济增长、城镇化率、技术进步和财政分权，第4章空间计量经济模型实证研究结论显示，在经济全球化的背景下，一个国家消费的产品通过国际贸易，可以从其他国家进口，因此与生产相关的污染也从消费国转移到了出口国。雾霾污染也可以通过流动，从出口国转移到其他国家或地区。因此，要重视国际贸易中雾霾污染的源头和影响问题，国际贸易对雾霾污染影响是一个复杂的全球性问题，我们需要站到一定的高度来看待和解决，并从联防联控的角度来解决国际贸易产生的雾霾污染问题。

8.2.8 基于城镇化率的联防联控机制

从第3章灰色关联分析实证研究结果可以看出，大多数区域城镇化与雾霾污染的灰色绝对关联度和相对关联度并不是很高，都仅仅高于财政分权，综合关联度也都相对较低。根据第 4 章空间计量经济模型的实证研究结果，城镇化率对雾霾污染治理具有显著的促进作用，但是区域间的作用机制并不显著。因此我国城镇化进程没有造成雾霾污染的恶化，影响雾霾污染的因素错综复杂，城镇化能够提升经济发展水平，通过城镇化进程中规模效应和集聚效应提高城市经济效率，大城市的环境保护意识较强，也更加容易实施各项环保措施和政策。而且通过城镇化进展，城市人口会增加，这样便提高了各项设施的利用效率，具有较强的经济实力和更大的规模效应，城市也会提出较高的环保指标，因此通过区域城镇化的联防联控，更能提高雾霾污染治理水平。

8.2.9　基于财政分权的联防联控机制

财政分权作为释放财政压力的体制变革，分为立宪性一致同意型方式和行政性一致同意型方式。立宪性一致同意型方式财政分权的基本特征为民主性，行政性一致同意型财政分权的基本特征是财政行为的策略性。我国的财政分权属于行政性一致同意型方式。我国政府要采取相应的财政措施形成雾霾污染治理联防联控治理机制，快速有效地实现雾霾污染治理。我国财政分权具有其经济发展规律，因此要给予地方政府一定的自主决定财政支出权力，使公众满意并能够自由地选择他们所需要的政府类型，同时积极参与到社会管理当中。

8.3 本章小结

雾霾污染联防联控机制能够提升区域的雾霾治理水平，因此，需要构建不同城市群雾霾污染防治的协同发展机制，引领我国雾霾污染治理方向。加大雾霾污染治理力度，加快解决燃煤造成的雾霾污染问题，全面推进雾霾污染源治理工作，开展重点行业雾霾污染治理行动，对重点工业污染源实时监控。同时扩大机动车尾气雾霾污染治理，加快推广使用标准燃油。对于雾霾污染源要加强追溯管理，并扩大雾霾污染重点区域联防联控范围，采取全面管理措施，严格执法力度和督查问责，推进区域联合生态保护和建设机制的建设，构建可持续的联防联控绿色发展模式。

第9章

研究结论与研究展望

9.1 主要研究成果及结论

中国雾霾污染问题对我国经济绿色发展具有重要意义，雾霾污染具有空间交互影响的特征，因此在治理过程中不能局限于一城一地，将雾霾污染治理从分区域治理上升到联防联控的全域治理层面。无论是城市还是农村，不同部门和行业均应实行治理全域化，针对重点污染源要长期监督，未来雾霾污染防治的道路任重而道远，需要不同区域共同发力，促进环境改善，实现可持续发展。目前我国雾霾污染的研究仍然没有系统化，特别是雾霾污染的形成机理和演变特征的研究还处于起步阶段。本书采用绿色发展、灰色系统关联理论、脱钩理论和空间计量经济学理论对中国雾霾污染问题进行理论分析和实证研究，主要实现以下研究成果：

（1）根据国际发布的卫星数据，确定中国区域雾霾指标，利用灰色关联理论模型分析中国不同区域雾霾污染的影响因素。

（2）基于灰色系统理论，建立雾霾污染灰色系统关联度模型，根据灰色绝对关联度、灰色相对关联度和灰色综合关联度检验结果和灰色系统关联进行分析。研究结果显示从全国范围来看雾霾污染的主要影响因素是经济增长，证明我国还处于经济发展的关键阶段，技术进步与雾霾污染的关联度也相对较高，加强技术创新和技术发展是雾霾污染治理的重中之重。根据不同区域范围的综合关联度对比分析可以看出，中国不同区域的雾霾污染和影响因素的关联度具有明显的差异，不同阶段区域经济发展的灰色绝对关联度、相对关联度和综合关联度的影响因素差异显著。整体来看，经济增长是全国和大多数区域的主要关联因素，这可能是由于我国经济整体所处的特殊经济发展阶段决定的。全国范围内国际贸易与雾霾污染的关联度仅次于经济增长和技术进步，并且北京、上海、山东和河北等区域的国际贸易与雾霾污染的关联度较大。加快贸易转型也是中国未来经济发展的重要任务，因此应该加快贸易转型，统筹考虑各区域雾霾污染与影响因素的不同关联特征，制定面向各区域的雾霾污染治理目标，并结合其他影响因素共同促进经济可持续发展。

（3）根据雾霾污染空间联动机制，从人口、经济增长、技术进步、城镇化率、产业结构、能源价格和国际贸易等九个不同视域的雾霾污染影响因素结合不同区域的发展特征，选择相应的雾霾污染治理路径。制定强制性的法律法规让大家改变浪费资源和污染环境的生产、生活习惯，提高人口素质，建设绿色城镇化的社会环境，促进中国经济可持续发展。加快经济发展方式转型，在政府主导下积极推进产业结构转型，加快经济转型产业发展的同时促进产业协调发展，加大研发经费监管力度，优化科技体制创新，对环境治理技术的研发推广给予充分的财政支持，大力发展新能源和可再生能源；注重贸易结构转变，建立积极的国际贸易良性发展机制，加强国际贸易合作。

9.2 未来研究工作展望

中国雾霾污染问题已经是影响我国经济发展中的一个重要问题，现在已经取得一定的成果，本书在借鉴现有文献的基础上，对中国雾霾污染问题进行系统的测度和研究，对中国雾霾污染的影响因素进行了实证研究，对雾霾污染联动机制进行了规划总结。研究发现有以下问题需要未来进一步研究和探索，争取获得更加实质性的研究突破。未来研究方向主要有以下几个方面：

（1）全面考虑不同城市群发展特征，结合环境税收的影响因素，激励不同区域和部门增强环保意识，协同治理雾霾污染，积极促进经济可持续发展。

（2）如何充分考虑中国经济发展阶段的特殊性，从更宽阔的视域实现中国经济的可持续发展，并将区块链、博弈论和大数据应用到雾霾污染治理中，采用数据关联的机器学习和人工智能分析等研究方法实现绿色发展。

（3）如何建立公平合理的环境治理机制，同时利用区块链技术保证不同区域和部门自愿参与到未来的环境治理平台。

作者会致力于上述问题进一步跟踪式研究，也诚恳地希望各位专家学者、老师和同学们不吝赐教，提出宝贵的批评指正意见。

附　　录

附表 1　　　　　　　　　人口数据资料

地区	2000 年	2001 年	2002 年	2003 年	2004 年	2005 年	2006 年	2007 年
北京	1364	1385	1423	1456	1493	1538	1581	1633
天津	1001	1004	1007	1011	1024	1043	1075	1115
河北	6744	6699	6735	6769	6809	6851	6898	6943
山西	3247	3272	3294	3314	3335	3355	3375	3393
内蒙古	2372	2381	2384	2386	2393	2403	2415	2429
辽宁	4184	4194	4203	4210	4217	4221	4271	4298
吉林	2682	2691	2669	2704	2709	2716	2723	2730
黑龙江	3807	3811	3813	3815	3817	3820	3823	3824
上海	1609	1668	1713	1766	1835	1890	1964	2064
江苏	7327	7359	7406	7458	7523	7588	7656	7723
浙江	4680	4729	4776	4857	4925	4991	5072	5155
安徽	6093	6128	6144	6163	6228	6120	6110	6118
福建	3410	3445	3476	3502	3529	3557	3585	3612
江西	4149	4186	4222	4254	4284	4311	4339	4368
山东	8998	9041	9082	9125	9180	9248	9309	9367
河南	9488	9555	9613	9667	9717	9380	9392	9360
湖北	5646	5658	5672	5685	5698	5710	5693	5699
湖南	6562	6596	6629	6663	6698	6326	6342	6355
广东	8650	8733	8842	8963	9111	9194	9442	9660
广西	4751	4788	4822	4857	4889	4660	4719	4768
海南	789	796	803	811	818	828	836	845
重庆	2849	2829	2814	2803	2793	2798	2808	2816
四川	8329	8143	8110	8176	8090	8212	8169	8127
贵州	3756	3799	3837	3870	3904	3730	3690	3632
云南	4241	4287	4333	4376	4415	4450	4483	4514
陕西	3644	3653	3662	3672	3681	3690	3699	3708
甘肃	2515	2523	2531	2537	2541	2545	2547	2548
青海	517	523	529	534	539	543	548	552
宁夏	554	563	572	580	588	596	604	610
新疆	1849	1876	1905	1934	1963	2010	2050	2095

续表

地区	2008 年	2009 年	2010 年	2011 年	2012 年	2013 年	2014 年	2015 年
北京	1695	1755	1962	2019	2069	2115	2152	2171
天津	1176	1228	1299	1355	1413	1472	1517	1547
河北	6989	7034	7194	7241	7288	7333	7384	7425
山西	3411	3427	3574	3593	3611	3630	3648	3664
内蒙古	2444	2458	2472	2482	2490	2498	2505	2511
辽宁	4315	4341	4375	4383	4389	4390	4391	4382
吉林	2734	2740	2747	2749	2750	2751	2752	2753
黑龙江	3825	3826	3833	3834	3834	3835	3833	3812
上海	2141	2210	2303	2347	2380	2415	2426	2415
江苏	7762	7810	7869	7899	7920	7939	7960	7976
浙江	5212	5276	5447	5463	5477	5498	5508	5539
安徽	6135	6131	5957	5968	5988	6030	6083	6144
福建	3639	3666	3693	3720	3748	3774	3806	3839
江西	4400	4432	4462	4488	4504	4522	4542	4566
山东	9417	9470	9588	9637	9685	9733	9789	9847
河南	9429	9487	9405	9388	9406	9413	9436	9480
湖北	5711	5720	5728	5758	5779	5799	5816	5852
湖南	6380	6406	6570	6596	6639	6691	6737	6783
广东	9893	10130	10441	10505	10594	10664	10724	10849
广西	4816	4856	4610	4645	4682	4719	4754	4796
海南	854	864	869	877	887	895	903	911
重庆	2839	2859	2885	2919	2945	2970	2991	3017
四川	8138	8185	8045	8050	8076	8107	8140	8204
贵州	3596	3537	3479	3469	3484	3502	3508	3530
云南	4543	4571	4602	4631	4659	4687	4714	4742
陕西	3718	3727	3735	3743	3753	3764	3775	3793
甘肃	2551	2555	2560	2564	2578	2582	2591	2600
青海	554	557	563	568	573	578	583	588
宁夏	618	625	633	639	647	654	662	668
新疆	2131	2159	2185	2209	2233	2264	2298	2360

附表 2　　专利授权数据资料

地区	2000 年	2001 年	2002 年	2003 年	2004 年	2005 年	2006 年	2007 年
北京	5905	6246	6345	8248	9005	10100	11238	14954
天津	1611	1829	1827	2505	2578	3045	4159	5584
河北	2812	2791	3353	3572	3407	3585	4131	5358
山西	968	1047	934	1175	1189	1220	1421	1992
内蒙古	775	743	679	817	831	845	978	1313
辽宁	4842	4448	4551	5656	5749	6195	7399	9615
吉林	1650	1443	1507	1690	2145	2023	2319	2855
黑龙江	2252	1870	2083	2794	2809	2906	3622	4303
上海	4050	5371	6695	16671	10625	12603	16602	24481
江苏	6432	6158	7595	9840	11330	13580	19352	31770
浙江	7495	8312	10479	14402	15249	19056	30968	42069
安徽	1482	1278	1419	1610	1607	1939	2235	3413
福建	3003	3296	4001	5377	4758	5147	6412	7761
江西	1072	999	1044	1238	1169	1361	1536	2069
山东	6962	6725	7293	9067	9733	10743	15937	22821
河南	2766	2582	2590	2961	3318	3748	5242	6998
湖北	2198	2204	2209	2871	3280	3860	4734	6616
湖南	2555	2401	2347	3175	3281	3659	5608	5687
广东	15799	18259	22761	29235	31446	36894	43516	56451
广西	1191	1099	1054	1331	1272	1225	1442	1907
海南	320	303	199	296	278	200	248	296
重庆	1158	1197	1761	2883	3601	3591	4590	4994
四川	3218	3357	3403	4051	4430	4606	7138	9935
贵州	710	642	615	723	737	925	1337	1727
云南	1217	1347	1128	1213	1264	1381	1637	2139
陕西	1462	1354	1524	1609	2007	1894	2473	3451
甘肃	493	512	397	474	514	547	832	1025
青海	117	101	85	90	70	79	97	222
宁夏	224	231	216	338	293	214	290	296
新疆	717	755	627	752	792	921	1187	1534

续表

地区	2008 年	2009 年	2010 年	2011 年	2012 年	2013 年	2014 年	2015 年
北京	17747	22921	33511	40888	50511	62671	74661	94031
天津	6790	7404	11006	13982	19782	24856	26351	37342
河北	5496	6839	10061	11119	15315	18186	20132	30130
山西	2279	3227	4752	4974	7196	8565	8371	10020
内蒙古	1328	1494	2096	2262	3084	3836	4031	5522
辽宁	10665	12198	17093	19176	21223	21656	19525	25182
吉林	2984	3275	4343	4920	5930	6219	6696	8878
黑龙江	4574	5079	6780	12236	20268	19819	15412	18943
上海	24468	34913	48215	47960	51508	48680	50488	60623
江苏	44438	87286	138382	199814	269944	239645	200032	250290
浙江	52953	79945	114643	130190	188463	202350	188544	234983
安徽	4346	8594	16012	32681	43321	48849	48380	59039
福建	7937	11282	18063	21857	30497	37511	37857	61621
江西	2295	2915	4349	5550	7985	9970	13831	24161
山东	26688	34513	51490	58844	75496	76976	72818	98101
河南	9133	11425	16539	19259	26791	29482	33366	47766
湖北	8374	11357	17362	19035	24475	28760	28290	38781
湖南	6133	8309	13873	16064	23212	24392	26637	34075
广东	62031	83621	119343	128413	153598	170430	179953	241176
广西	2228	2702	3647	4402	5900	7884	9664	13573
海南	341	630	714	765	1093	1331	1597	2061
重庆	4820	7501	12080	15525	20364	24828	24312	38914
四川	13369	20132	32212	28446	42218	46171	47120	64953
贵州	1728	2084	3086	3386	6059	7915	10107	14115
云南	2021	2923	3823	4199	5853	6804	8124	11658
陕西	4392	6087	10034	11662	14908	20836	22820	33350
甘肃	1047	1274	1868	2383	3662	4737	5097	6912
青海	228	368	264	538	527	502	619	1217
宁夏	606	910	1081	613	844	1211	1424	1865
新疆	1493	1866	2562	2642	3439	4998	5238	8761

附表 3　　产业结构数据资料

地区	2000 年	2001 年	2002 年	2003 年	2004 年	2005 年	2006 年	2007 年
北京	38.1	36.2	34.8	35.8	37.6	29.5	27.8	26.8
天津	50	49.2	48.8	50.9	53.2	55.5	57.1	57.3
河北	50.3	49.6	49.8	51.5	52.9	51.8	52.4	52.8
山西	50.3	51.6	53.7	56.6	59.5	56.3	57.8	60
内蒙古	39.7	40.5	42	45.3	49.1	45.5	48.6	51.8
辽宁	50.2	48.5	47.8	48.3	47.7	49.4	51.1	53.1
吉林	43.9	43.3	43.5	45.3	46.6	43.6	44.8	46.8
黑龙江	57.4	56.1	55.6	57.2	59.5	53.9	54.4	52.3
上海	47.5	47.6	47.4	50.1	50.8	48.6	48.5	46.6
江苏	51.7	51.6	52.2	54.5	56.6	56.6	56.6	55.6
浙江	52.7	51.3	51.1	52.6	53.8	53.4	54	54
安徽	42.7	43	43.5	44.8	45.1	41.3	43.1	44.7
福建	43.7	44.8	46.1	47.6	48.7	48.7	49.1	49.2
江西	35	36.2	38.8	43.4	45.6	47.3	49.7	51.7
山东	49.7	49.3	50.3	53.5	56.3	57.4	57.7	56.9
河南	47	47.1	47.8	50.4	51.2	52.1	53.8	55.2
湖北	49.7	49.6	49.2	47.8	47.5	43.1	44.4	43
湖南	39.6	39.5	40	38.7	39.5	39.9	41.6	42.6
广东	50.4	50.2	50.4	53.6	55.4	50.7	51.3	51.3
广西	36.5	35.5	35.2	36.9	38.8	37.1	38.9	40.7
海南	19.8	20.4	20.7	22.5	23.4	24.6	27.4	29.8
重庆	41.4	41.6	42	43.4	44.3	41	43	45.9
四川	42.4	39.7	40.7	41.5	41	41.5	43.7	44.2
贵州	39	38.7	40.1	42.7	44.9	41.8	43	41.9
云南	43.1	42.5	42.6	43.4	44.4	41.2	42.8	43.3
陕西	44.1	44.3	45.5	47.3	49.1	50.3	53.9	54.2
甘肃	44.7	44.9	45.7	46.6	48.6	43.4	45.8	47.3
青海	43.2	43.9	45.1	47.2	48.8	48.7	51.6	53.3
宁夏	45.2	45	45.9	49.8	52	46.4	49.2	50.8
新疆	43	42.4	42.1	42.4	45.9	44.7	48	46.8

续表

地区	2008 年	2009 年	2010 年	2011 年	2012 年	2013 年	2014 年	2015 年
北京	25.7	23.5	24	23.1	22.7	22.3	21.3	19.7
天津	60.1	53	52.5	52.4	51.7	50.6	49.2	46.6
河北	54.2	52	52.5	53.5	52.7	52.2	51	48.3
山西	61.5	54.3	56.9	59	55.6	53.9	49.3	40.7
内蒙古	55	52.5	54.6	56	55.4	54	51.3	50.5
辽宁	55.8	52	54.1	54.7	53.2	52.7	50.2	45.5
吉林	47.7	48.7	52	53.1	53.4	52.8	52.8	49.8
黑龙江	52.5	47.3	50.2	50.3	44.1	41.1	36.9	31.8
上海	45.5	39.9	42.1	41.3	38.9	37.2	34.7	31.8
江苏	55	53.9	52.5	51.3	50.2	49.2	47.4	45.7
浙江	53.9	51.8	51.6	51.2	50	49.1	47.7	46
安徽	46.6	48.7	52.1	54.3	54.6	54.6	53.1	49.7
福建	50	49.1	51	51.6	51.7	52	52	50.3
江西	52.7	51.2	54.2	54.6	53.6	53.5	52.5	50.3
山东	57	55.8	54.2	52.9	51.5	50.1	48.4	46.8
河南	56.9	56.5	57.3	57.3	56.3	55.4	51	48.4
湖北	43.8	46.6	48.6	50	50.3	49.3	46.9	45.7
湖南	44.2	43.5	45.8	47.6	47.4	47	46.2	44.3
广东	51.6	49.2	50	49.7	48.5	47.3	46.3	44.8
广西	42.4	43.6	47.1	48.4	47.9	47.7	46.7	45.9
海南	29.8	26.8	27.7	28.3	28.2	27.7	25	23.7
重庆	47.7	52.8	55	55.4	52.4	50.5	45.8	45
四川	46.3	47.4	50.5	52.5	51.7	51.7	48.9	44.1
贵州	42.3	37.7	39.1	38.5	39.1	40.5	41.6	39.5
云南	43	41.9	44.6	42.5	42.9	42	41.2	39.8
陕西	56.1	51.9	53.8	55.4	55.9	55.5	54.1	50.4
甘肃	46.3	45.1	48.2	47.4	46	45	42.8	36.7
青海	55.1	53.2	55.1	58.4	57.7	57.3	53.6	49.9
宁夏	52.9	48.9	49	50.2	49.5	49.3	48.7	47.4
新疆	49.6	45.1	47.7	48.8	46.4	45	42.6	38.6

附表 4　　金融发展数据资料

地区	2000 年	2001 年	2002 年	2003 年	2004 年	2005 年	2006 年	2007 年
北京	5944.6	7202.9	9602.6	12058	13578	15335	18131	19861
天津	1863.6	2486.37	2868.37	3791.22	4146.49	4722.38	5415.72	6543.83
河北	4133.62	4638.67	5141.85	5772.58	6233.86	6480.77	7480.19	8486.48
山西	2453.15	2491.36	2976.87	3630.74	4107.58	4328.9	4878.66	5514.18
内蒙古	1340.74	1521.27	1704.22	1971.32	2278.48	2618	3240.02	3803.11
辽宁	5159.6	5933.5	6575.9	7618	8153	8306	9456	10762.8
吉林	2651.19	2981.75	3207.08	3422.4	3564.09	3401.29	3921.57	4361.1
黑龙江	3145.1	3432.5	3697	4093.1	4115.4	3724.6	4028.1	4330.6
上海	5959.51	7187.9	10550.94	13168.05	13468.52	14801.05	15968.94	18019.4
江苏	5967.66	6945.53	8638.25	12042.37	14247.09	16282.6	19383.65	23265.83
浙江	5423.52	6482.22	8612.81	12418.67	14962.54	17122.14	20757.83	24939.9
安徽	2384.5	2671.87	3011.44	3499.4	4006.18	4399.2	5205.2	6127.9
福建	2438.82	3008.26	3305.31	4120.37	4642.89	5280.32	6598.89	8265.14
江西	1739.87	1920.99	2168.16	2595.82	2912.91	3064.12	3501.16	4083.59
山东	6209.05	7380.44	8945.43	10969.84	12219.3	13803.08	16135.85	18151.87
河南	4356.94	4885.72	5706.57	6616.12	7243.07	7550.26	8567.333	9642.6
湖北	3493.91	4034.11	4557.35	5277.68	5606.8	5855.75	66996.09	7770.87
湖南	2810.28	2787.92	3311.37	3900.58	4355.08	4590.03	5233.6	6157.51
广东	14009.11	15954.47	18719.1	25250.37	27538.39	29643.17	32705.45	38597.04
广西	1613	1832	2004	2368.78	2786.81	3104.6	3636.9	4331.03
海南	622.47	776.22	780.14	874.22	919.99	994.68	1123.34	1228.04
重庆	1881.29	1871.98	2250.26	2976.67	3115.51	3561.59	4443.84	5197.08
四川	4053.46	4605.15	5273.14	6096.65	6648.32	6898.63	8003.13	9416.16
贵州	1066.1	1226	1415.8	1727	2034	2319	2708.5	3145
云南	1987.83	2173.45	2418.48	3024.84	3449.19	4030.97	4803.51	5733
陕西	2193.12	2537.55	3010.8	3634.25	3894.53	4042.96	4463.21	5170.81
甘肃	1171.14	1302.51	1494.67	1753.42	1928.3	1942.83	2131.34	2448.16
青海	365.94	424.65	482.32	566.98	621.92	641.62	729.83	882.13
宁夏	383.23	449.06	532.53	691.44	770.6	841.81	993.85	1196.54
新疆	1495.57	1631.06	1849.8	2150.78	2267.27	2339.76	2481.24	2767.13

续表

地区	2008年	2009年	2010年	2011年	2012年	2013年	2014年	2015年
北京	23010.7	31052.9	36479.6	39660.5	43189.5	47880.9	53650.6	58559.4
天津	7689.12	11152.19	13774.11	15924.71	18396.81	20857.8	23223.42	25994.68
河北	9506.74	13284.11	15948.91	18460.6	21317.96	24423.2	28052.3	32608.5
山西	6041.89	7915.41	9728.68	11265.56	13211.3	15025.45	16559.41	18574.83
内蒙古	564.24	6385.46	7919.47	9811.68	11392.54	13056.68	15066.01	17264.33
辽宁	12348	16222.1	19622	22832	26306	29722	33024	36283
吉林	4891.01	6300.42	7279.62	8240.9	9270.3	10805.2	12695.3	15308.8
黑龙江	4593.5	6145.7	7390.6	8761.1	10259.9	11782.5	13791.5	16646.9
上海	20294.82	26086.58	34154.17	37196.79	40982.48	443577.88	47915.81	53387.21
江苏	27081.06	35132.72	42522.92	49101.2	57464.29	64503.17	71949.8	78866.34
浙江	29658.67	39223.91	46938.54	53239.34	59509.22	65338.78	71361	76466.32
安徽	7030.3	9438.6	11737.8	14164.4	16795.2	19688.2	22754.7	26144.4
福建	9665.24	12682.52	15920.8	18982.82	22427.5	25963.45	30051.27	33694.42
江西	4613.25	6416.2	7843.28	9301.95	11080.15	13111.7	15696.83	18561.09
山东	20794.65	27241.17	32329.6	37301.76	40018.89	47952.1	53662.23	59063.27
河南	10439.7	13437.43	15871.3	17648.9	20031.44	23511.4	27583.3	31798.6
湖北	8732.27	12018.32	14583.34	16332.05	18941.05	21795.53	25170.06	29514.56
湖南	7115.28	9536.6	11521.67	13462.5	15648.59	18141.1	20783.1	24221.9
广东	43741.52	58003.29	66928.14	77864	88885.42	100344.23	112843.92	128110.16
广西	5110.06	7360.43	8979.87	10646.43	12355.52	14081.01	16070.95	18119.03
海南	1383.47	1940.86	2509.72	3194.59	3889.63	4630.78	5391.51	6650.66
重庆	6384.03	8856.03	10888.15	13195.16	15594.18	17381.55	20630.7	22955.21
四川	11395.36	15979.37	19485.73	22154.23	26163.25	30298.85	34750.7	38703.99
贵州	3581.5	4670.2	5771.74	6875.65	8350.17	10156.96	12438	15120.99
云南	6594.33	8779.63	10705.99	12347	14168.99	16128.9	18368.4	21243.17
陕西	6056.82	8276.64	10222.2	12097.3	13865.61	16537.69	19174.05	22096.84
甘肃	2768.44	3739.9	4567.68	5736.2	7196.6	8822.23	11075.78	13728.89
青海	1033.9	1408.26	1823.81	2238.99	2791.68	3514.68	4171.73	4988.01
宁夏	1414.3	1928.71	2419.89	2907.24	3372.12	3947.29	4608.28	5150.32
新疆	2918.13	3952.06	5211.38	6603.4	8385.98	10377.13	12237.63	13650.96

附表 5　　能源价格数据资料

地区	2000 年	2001 年	2002 年	2003 年	2004 年	2005 年	2006 年	2007 年
全国	105.1	99.8	97.7	104.8	111.4	108.3	106	104.4
北京	100	100.5	97.1	104.7	114.2	111.4	105.5	105
天津	104.5	98.8	95.9	108.7	115.4	104.9	104.7	105.7
河北	103.3	101	97.3	109.4	118.4	107	105	107.8
山西	102	101.8	102.6	107.8	114.5	108.2	102.6	105.3
内蒙古	106.5	101.3	99.9	102.9	109.2	109.9	105.9	104.8
辽宁	103.9	99.9	98.3	105.1	112.1	108.1	104.2	104.8
吉林	106.8	101.8	97.8	104.8	110.5	107	103.8	105.2
黑龙江	108.6	99.5	99.3	107.6	115.2	111.8	105.6	105
上海	107.1	98.7	97.7	106.4	116.4	106.8	104.8	104.1
江苏	107.1	99.5	98.6	106.5	116.3	107.6	106.4	105
浙江	107.2	99.6	97.5	105.8	113.4	105.4	105.6	105.3
安徽	102.6	101.2	98.2	106.7	115	107.1	103.9	105.1
福建	112.4	96.7	97.6	106.3	113.3	108.1	103.9	104.3
江西	101.2	99.3	98.6	106.5	114.5	110	108.6	107.9
山东	104.7	100	98.7	105.7	113.4	105.9	104.3	104.8
河南	105.1	101.9	97.6	107.8	115.7	108.3	105.3	106.4
湖北	105.6	100.2	97.7	108.2	113.1	107	104.9	104.5
湖南	106.7	101.1	99.3	106.7	114.4	109.4	106.5	106.1
广东	110.9	99.1	96.3	104.1	110.7	105	103.6	103.3
广西	100.9	103.7	95.6	101.2	116.3	108.2	111.4	106.1
海南	108.8	103.6	101.5	102.2	105.9	104.2	101.5	105
重庆	105.6	99.5	99.2	104.9	110.3	108.2	104.8	106.2
四川	101.7	98.5	97.6	101.7	112	109.3	104.3	105.7
贵州	102.9	100.2	97.6	106	109.6	107.4	107.3	107.5
云南	101.5	99.4	99.1	102.7	113	106.5	107.6	108.2
陕西	100	100.5	98.8	104.8	110.4	107.5	106.7	106.3
甘肃	111.8	101.4	98.4	105.6	112.5	109.9	108.8	104.3
青海	98.9	99.1	102.8	101.8	108.5	105.3	102.8	104.4
宁夏	105.8	102.5	97.8	106.8	117.3	109.7	108.5	107.1
新疆	115.2	98.9	94.9	114.8	118.2	110.7	111.1	103.8

续表

地区	2008 年	2009 年	2010 年	2011 年	2012 年	2013 年	2014 年	2015 年
全国	110. 5	92. 1	109. 6	109. 1	98. 2	98	97. 8	93. 9
北京	115. 8	88. 6	110. 5	108. 4	98. 7	97. 8	98. 8	93. 7
天津	112. 9	90. 2	110	109. 7	97. 1	97. 4	97. 1	92. 4
河北	115. 9	93. 5	110. 9	110. 9	96. 2	97. 6	95. 6	90. 3
山西	118. 3	96. 6	109	108. 1	98. 1	95. 5	96. 2	93. 1
内蒙古	111. 7	99. 1	105	106. 1	102	99. 3	98. 4	95. 9
辽宁	111. 5	93. 3	108. 6	108. 3	99	98. 5	98	93. 5
吉林	111. 3	95. 3	108. 6	106. 1	99. 3	99. 4	99. 2	96. 6
黑龙江	114. 1	93. 4	114. 5	111. 1	98. 8	98. 7	97. 6	88. 2
上海	110. 3	89. 8	111. 2	107. 5	94. 7	96. 5	95. 9	90. 6
江苏	115	91. 9	112. 8	108. 9	95. 8	97. 1	97	92. 1
浙江	110. 6	92. 6	112	108. 3	96. 7	97. 7	98. 2	94. 5
安徽	112. 4	95. 3	111. 8	110. 8	98. 2	96. 9	97. 2	93. 5
福建	110. 2	93. 2	107. 7	108	97. 7	98. 4	98. 3	96. 1
江西	114. 2	90. 7	111. 8	112. 4	98. 3	98. 4	98. 4	93. 6
山东	113. 1	95. 5	109. 3	109. 2	99. 2	98. 4	98. 2	95
河南	111. 9	97. 1	110. 2	110. 1	99. 2	99. 3	98. 4	95. 4
湖北	110. 9	93. 4	110. 4	111. 5	98. 9	98. 2	97. 8	92. 8
湖南	112	92. 6	110	110. 8	100. 1	98. 4	97. 9	94. 5
广东	107. 9	93. 8	107. 3	107. 3	99. 5	98. 2	98. 8	95. 3
广西	110. 6	95. 1	111. 2	110	99. 2	98. 9	98. 2	95. 7
海南	111. 6	85. 3	110. 3	115. 3	99. 6	97	99	88. 5
重庆	112. 2	95	106. 9	105. 7	99. 5	97. 6	98. 1	97. 1
四川	112. 4	95. 3	106. 1	112. 6	100	99. 2	98. 7	96. 7
贵州	112. 5	93. 5	109. 8	115	102. 3	96. 4	98. 6	97. 5
云南	111. 6	95	109	108	99. 3	98. 8	99	96. 9
陕西	111. 2	98. 4	109. 7	109. 6	100	99. 3	98. 5	95. 2
甘肃	110. 2	90. 5	114. 4	115. 1	98. 7	97. 8	97. 6	87
青海	110. 4	99. 8	108. 6	107	98. 6	98. 8	97. 6	97. 7
宁夏	121. 8	94. 7	114. 1	112. 8	99. 5	97	97	92. 1
新疆	117. 8	90. 6	123. 9	117. 8	97. 9	97. 8	97. 5	84. 3

附表 6　　财政分权数据资料

地区	2000 年	2001 年	2002 年	2003 年	2004 年	2005 年	2006 年	2007 年
北京	2.8	3	2.8	3	3.2	3.1	3.2	3.3
天津	1.2	1.2	1.2	1.3	1.3	1.3	1.3	1.4
河北	2.6	2.7	2.6	2.6	2.8	2.9	2.9	3
辽宁	3.3	3.4	3.1	3.2	3.3	3.5	3.5	3.5
上海	3.8	3.7	3.9	4.4	4.9	4.9	4.4	4.4
江苏	3.7	3.9	3.9	4.3	4.6	4.9	5	5.1
浙江	2.7	3.2	3.4	3.6	3.7	3.7	3.6	3.6
福建	2	2	1.8	1.8	1.8	1.7	1.8	1.8
山东	3.9	4	3.9	4.1	4.2	4.3	4.5	4.5
广东	6.8	7	1.9	6.9	6.5	6.7	6.3	6.3
海南	0.4	0.4	1.4	0.4	0.4	0.4	0.4	0.5
山西	1.4	1.5	1.5	1.7	1.8	2	2.3	2.1
吉林	1.6	1.7	1.6	1.7	1.8	1.9	1.8	1.8
黑龙江	2.4	2.5	2.4	2.3	2.4	2.3	2.4	2.4
安徽	2	2.1	2.1	2.1	2.1	2.1	2.3	2.5
江西	1.4	1.5	1.5	1.6	1.6	1.7	1.7	1.8
河南	2.8	2.7	2.3	2.9	3.1	3.3	3.6	3.8
湖北	2.3	2.6	2.4	2.2	2.3	2.3	2.6	2.6
湖南	2.2	2.3	6.9	2.3	2.5	2.6	2.6	2.7
内蒙古	1.6	1.7	1.8	1.8	2	2	2	2.2
广西	1.6	1.9	0.4	1.8	1.8	1.8	1.8	2
重庆	1.2	1.3	3.2	1.4	1.4	1.4	1.5	1.5
四川	2.8	3.1	0.6	3	3.1	3.2	3.3	3.5
贵州	1.3	1.5	1.8	1.3	1.5	1.5	1.5	1.6
云南	2.6	2.6	1.2	2.4	2.3	2.3	2.2	2.3
陕西	1.7	1.9	1.8	1.7	1.8	1.9	2	2.1
甘肃	1.2	1.2	1.2	1.2	1.3	1.3	1.3	1.4
宁夏	0.4	0.5	0.5	0.4	0.4	0.5	0.5	0.5
青海	0.4	0.5	0.5	0.5	0.5	0.5	0.5	0.6
新疆	1.2	1.4	1.6	1.5	1.5	1.5	1.7	1.6

续表

地区	2008 年	2009 年	2010 年	2011 年	2012 年	2013 年	2014 年	2015 年
北京	3.1	3	3	3	2.9	3	3	3.3
天津	1.4	1.5	1.5	1.6	1.7	1.8	1.9	1.8
河北	3	3.1	3.1	3.2	3.2	3.1	3.1	3.2
辽宁	3.4	3.5	3.6	3.6	3.6	3.7	3.3	2.5
上海	4.1	3.9	3.7	3.6	3.3	3.2	3.2	3.5
江苏	5.2	5.3	5.5	5.7	5.6	5.6	5.6	5.5
浙江	3.5	3.5	3.6	3.5	3.3	3.4	3.4	3.8
福建	1.8	1.9	1.9	2	2.1	2.2	2.2	2.3
山东	4.3	4.3	4.6	4.6	4.7	4.8	4.7	4.7
广东	6	5.7	6	6.1	5.9	6	6	7.3
海南	0.6	0.6	0.6	0.7	0.7	0.7	0.7	0.7
山西	2.1	2	2.1	2.2	2.2	2.2	2	1.9
吉林	1.9	1.9	2	2	2	2	1.9	1.8
黑龙江	2.5	2.5	2.5	2.6	2.5	2.4	2.3	2.3
安徽	2.6	2.8	2.9	3	3.1	3.1	3.1	3
江西	1.9	2	2.1	2.3	2.4	2.5	2.6	2.5
河南	3.6	3.8	3.8	3.9	4	4	4	3.9
湖北	2.6	2.7	2.8	2.9	3	3.1	3.3	3.5
湖南	2.8	2.9	3	3.2	3.3	3.3	3.3	3.3
内蒙古	2.3	2.5	2.5	2.7	2.7	2.6	2.6	2.4
广西	2.1	2.1	2.2	2.3	2.4	2.3	2.3	2.3
重庆	1.6	1.7	1.9	2.4	2.4	2.2	2.2	2.2
四川	4.7	4.7	4.7	4.3	4.3	4.4	4.5	4.3
贵州	1.7	1.8	1.8	2.1	2.2	2.2	2.3	2.2
云南	2.3	2.6	2.5	2.7	2.8	2.9	2.9	2.7
陕西	2.3	2.4	2.5	2.7	2.6	2.6	2.6	2.5
甘肃	1.5	1.6	1.6	1.6	1.6	1.6	1.7	1.7
宁夏	0.5	0.6	0.6	0.6	0.7	0.7	0.7	0.6
青海	0.6	0.6	0.8	0.9	0.9	0.9	0.9	0.9
新疆	1.7	1.8	1.9	2.1	2.2	2.2	2.2	2.2

附表 7　　产业竞争力数据资料

地区	2000 年	2001 年	2002 年	2003 年	2004 年	2005 年	2006 年	2007 年
北京	1. 53	1. 67	1. 79	1. 72	1. 60	2. 35	2. 55	2. 69
天津	0. 91	0. 95	0. 96	0. 89	0. 81	0. 75	0. 70	0. 71
河北	0. 67	0. 69	0. 70	0. 65	0. 60	0. 64	0. 64	0. 64
山西	0. 77	0. 75	0. 68	0. 61	0. 54	0. 66	0. 63	0. 59
内蒙古	0. 89	0. 89	0. 87	0. 78	0. 66	0. 86	0. 78	0. 69
辽宁	0. 78	0. 84	0. 87	0. 86	0. 86	0. 80	0. 75	0. 69
吉林	0. 78	0. 84	0. 84	0. 78	0. 74	0. 89	0. 88	0. 82
黑龙江	0. 55	0. 58	0. 58	0. 55	0. 49	0. 62	0. 62	0. 66
上海	1. 06	1. 07	1. 07	0. 97	0. 94	1. 04	1. 04	1. 13
江苏	0. 70	0. 72	0. 71	0. 67	0. 62	0. 63	0. 64	0. 67
浙江	0. 69	0. 75	0. 78	0. 75	0. 72	0. 75	0. 74	0. 75
安徽	0. 78	0. 79	0. 80	0. 82	0. 79	0. 98	0. 93	0. 87
福建	0. 92	0. 89	0. 86	0. 82	0. 79	0. 79	0. 79	0. 81
江西	1. 17	1. 12	1. 01	0. 85	0. 74	0. 74	0. 67	0. 62
山东	0. 71	0. 74	0. 73	0. 65	0. 57	0. 56	0. 56	0. 59
河南	0. 65	0. 66	0. 65	0. 64	0. 59	0. 58	0. 55	0. 54
湖北	0. 70	0. 72	0. 75	0. 78	0. 77	0. 94	0. 91	0. 98
湖南	0. 99	1. 01	1. 01	1. 09	1. 01	1. 02	0. 98	0. 93
广东	0. 78	0. 81	0. 81	0. 72	0. 66	0. 85	0. 83	0. 84
广西	1. 02	1. 11	1. 15	1. 07	0. 95	1. 09	1. 02	0. 94
海南	2. 14	2. 09	1. 99	1. 80	1. 69	1. 70	1. 46	1. 37
四川	0. 85	0. 97	0. 96	0. 92	0. 91	0. 97	0. 92	0. 85
贵州	0. 86	0. 93	0. 90	0. 83	0. 76	0. 95	0. 93	1. 00
云南	0. 80	0. 84	0. 85	0. 84	0. 79	0. 96	0. 90	0. 90
陕西	0. 89	0. 91	0. 87	0. 83	0. 76	0. 75	0. 65	0. 64
甘肃	0. 80	0. 80	0. 79	0. 76	0. 68	0. 94	0. 86	0. 81
青海	0. 97	0. 95	0. 92	0. 87	0. 80	0. 81	0. 73	0. 68
宁夏	0. 83	0. 85	0. 83	0. 72	0. 65	0. 90	0. 80	0. 75
新疆	0. 83	0. 90	0. 92	0. 84	0. 74	0. 80	0. 73	0. 76

续表

地区	2008 年	2009 年	2010 年	2011 年	2012 年	2013 年	2014 年	2015 年
北京	2. 85	3. 21	3. 13	3. 29	3. 37	3. 44	3. 66	4. 04
天津	0. 63	0. 85	0. 88	0. 88	0. 91	0. 95	1. 01	1. 12
河北	0. 61	0. 68	0. 67	0. 65	0. 67	0. 68	0. 73	0. 83
山西	0. 56	0. 72	0. 65	0. 60	0. 70	0. 74	0. 90	1. 31
内蒙古	0. 60	0. 72	0. 66	0. 62	0. 64	0. 68	0. 77	0. 80
辽宁	0. 62	0. 75	0. 69	0. 67	0. 72	0. 73	0. 83	1. 02
吉林	0. 80	0. 78	0. 69	0. 66	0. 65	0. 67	0. 69	0. 78
黑龙江	0. 65	0. 83	0. 74	0. 72	0. 92	1. 01	1. 24	1. 59
上海	1. 18	1. 49	1. 36	1. 41	1. 55	1. 67	1. 87	2. 13
江苏	0. 69	0. 73	0. 79	0. 83	0. 87	0. 91	0. 99	1. 06
浙江	0. 76	0. 83	0. 84	0. 86	0. 91	0. 94	1. 00	1. 08
安徽	0. 80	0. 75	0. 65	0. 60	0. 60	0. 60	0. 67	0. 79
福建	0. 78	0. 84	0. 78	0. 76	0. 76	0. 75	0. 76	0. 83
江西	0. 59	0. 67	0. 61	0. 61	0. 65	0. 66	0. 70	0. 78
山东	0. 59	0. 62	0. 68	0. 72	0. 78	0. 82	0. 90	0. 97
河南	0. 50	0. 52	0. 50	0. 52	0. 55	0. 58	0. 73	0. 83
湖北	0. 92	0. 85	0. 78	0. 74	0. 73	0. 77	0. 88	0. 94
湖南	0. 85	0. 95	0. 87	0. 81	0. 82	0. 86	0. 91	1. 00
广东	0. 83	0. 93	0. 90	0. 91	0. 96	1. 01	1. 06	1. 13
广西	0. 88	0. 86	0. 75	0. 70	0. 74	0. 75	0. 81	0. 84
海南	1. 35	1. 69	1. 67	1. 61	1. 67	1. 74	2. 07	2. 25
四川	0. 78	0. 76	0. 68	0. 64	0. 70	0. 73	0. 86	1. 02
贵州	0. 98	1. 28	1. 21	1. 27	1. 23	1. 15	1. 07	1. 14
云南	0. 91	0. 98	0. 90	0. 98	0. 96	0. 99	1. 05	1. 13
陕西	0. 59	0. 74	0. 68	0. 63	0. 62	0. 63	0. 68	0. 81
甘肃	0. 84	0. 89	0. 77	0. 83	0. 87	0. 91	1. 03	1. 34
青海	0. 62	0. 69	0. 63	0. 55	0. 57	0. 57	0. 69	0. 83
宁夏	0. 68	0. 85	0. 85	0. 82	0. 85	0. 85	0. 89	0. 94
新疆	0. 68	0. 82	0. 68	0. 70	0. 78	0. 83	0. 96	1. 16

附表 8　　煤炭消费数据资料

地区	2000 年	2001 年	2002 年	2003 年	2004 年	2005 年	2006 年	2007 年
北京	2720	2675	2531	2674	2939	3069	3056	2985
天津	2473	2635	2929	3205	3509	3801	3809	3927
河北	12115	12641	13739	14851	17074	20542	21360	24681
山西	14262	14856	18055	20502	22433	25872	28605	29645
内蒙古	5908	6265	6864	8330	11391	13954	22242	18607
辽宁	9582	9084	9355	10454	11945	12710	13837	14712
吉林	4213	4484	4664	5202	5715	6447	6937	7312
黑龙江	5815	5537	5543	6490	7347	8524	9030	9857
上海	4496	4610	4685	4953	5144	5306	5142	5223
江苏	8770	8963	9663	10849	13272	17159	18692	20237
浙江	5051	5527	6018	6616	8362	9681	11334	13024
安徽	5909	6366	6679	7489	7823	8323	8793	9766
福建	2160	2205	2711	3272	3806	4717	5342	6117
江西	2469	2584	2557	3089	3944	4243	4592	5171
山东	8698	11098	12938	15166	18270	26056	29838	32719
河南	8725	9325	10333	11420	14938	18468	20999	23180
湖北	6051	6096	6483	7238	8054	8873	9910	10792
湖南	3335	4100	4287	4984	6040	8739	9401	10277
广东	5890	6088	6649	7910	8790	9853	10948	12430
广西	2228	2228	2133	2621	3367	3619	3980	4671
海南	192	241	289	338	477	326	332	426
重庆	2942	2736	3053	2646	2904	4196	4690	5110
四川	4862	4650	5462	7254	8189	8513	9160	10191
贵州	5146	4946	5199	6794	7994	7921	8995	9573
云南	2828	3101	3352	4349	5689	6682	7482	7620
陕西	2766	3133	3451	3961	4958	6049	7598	8082
甘肃	2480	2551	2798	3219	3479	3751	3959	4469
青海	522	642	620	675	680	949	1082	1291
宁夏	1042	1683	2324	2965	2761	3277	3519	4089
新疆	2702	2734	2898	3184	3632	3854	4436	4944

续表

地区	2008 年	2009 年	2010 年	2011 年	2012 年	2013 年	2014 年	2015 年
北京	2748	2665	2635	2366	2270	2019. 23	1736. 54	1165. 18
天津	3973	4120	4807	5262	5298	5278. 67	5027. 28	4538. 83
河北	24419	26516	27465	30792	31359	31663. 27	29635. 54	28943. 13
山西	28373	27762	29865	33479	34551	36636. 51	37587. 43	37115. 1
内蒙古	22242	24072	27004	34684	36620	34915. 72	36465. 97	36499. 76
辽宁	15347	16033	16908	18054	18219	18132. 77	18002. 27	17336. 36
吉林	8367	8589	9583	11035	11083	10413. 74	10379. 34	9805. 31
黑龙江	11204	11050	12219	13200	13965	13266. 81	13595. 53	13432. 85
上海	5464	5305	5876	6142	5703	5681. 19	4895. 78	4728. 13
江苏	20737	21003	23100	27364	27762	27946. 07	26912. 61	27209. 12
浙江	13041	13276	13950	14776	14374	14161. 26	13824. 37	13826. 07
安徽	11377	12666	13376	14538	14704	15665. 08	15786. 98	15671. 32
福建	6596	7109	7026	8714	8485	8078. 64	8198. 3	7659. 94
江西	5267	5356	6246	6988	6802	7254. 69	7477. 31	7698. 24
山东	34390	34795	37328	38921	40233	37683. 44	39561. 73	40926. 94
河南	23868	24445	26050	28374	25240	25058. 14	24249. 88	23719. 94
湖北	10196	11100	13470	15805	15799	12166. 72	11887. 83	11765. 91
湖南	10169	10751	11323	13006	12084	11223. 84	10899. 51	11142. 26
广东	13298	13647	15984	18439	17634	17106. 78	17013. 71	16587. 32
广西	4676	5199	6207	7033	7264	7344. 11	6796. 51	6046. 71
海南	472	537	647	815	931	1008. 78	1018. 3	1071. 92
重庆	5273	5782	6397	7189	6750	5794. 47	6095. 78	6047. 19
四川	10727	12147	11520	11454	11872	11678. 55	11045. 39	9288. 9
贵州	9732	10912	10908	12085	13328	13650. 74	13117. 6	12833. 49
云南	7916	8886	9349	9664	9850	9783. 09	8674. 67	7712. 85
陕西	8941	9497	11639	13318	15774	17247. 95	18375. 34	18373. 61
甘肃	4683	4479	5390	6303	6558	6541. 07	6715. 87	6557. 06
青海	1316	1310	1271	1508	1859	2073. 15	1816. 51	1508. 12
宁夏	4287	4781	5765	7947	8055	8533. 51	8857	8907. 37
新疆	5709	7418	8106	9745	12028	14205. 5	16088. 03	17359. 28

附表 9　　原油消费资料

地区	2000 年	2001 年	2002 年	2003 年	2004 年	2005 年	2006 年	2007 年
北京	754. 71	700. 5	748	726. 68	809. 35	799. 6	796. 12	950. 91
天津	709. 76	749. 35	675. 58	750. 95	786. 57	863. 14	900. 49	950. 14
河北	747. 37	670. 55	697. 59	835. 19	939. 39	1003. 29	1046. 59	1124. 77
山西								
内蒙古	126. 26	133. 07	126. 05	128. 83	132. 19	131. 83	189. 25	142. 82
辽宁	3938. 74	4046. 3	4218. 81	4560. 41	5216. 67	5410. 89	5555. 04	5893. 46
吉林	702. 63	709. 33	731. 42	885. 24	833. 01	967. 67	913. 44	934. 17
黑龙江	1601. 27	1615. 5	1586. 16	1619. 14	1616. 07	1785. 01	1850. 06	1886. 02
上海	1309. 7	1355. 03	1424. 91	1737. 52	1842. 29	1967	1832. 84	1719. 57
江苏	1376. 65	1317. 61	1407. 68	1714. 54	1875. 39	2264. 76	2302. 7	2454
浙江	1112. 48	1123. 85	1241. 04	1425. 16	1853. 44	2113. 04	2114. 73	2248. 73
安徽	345. 06	288. 27	307. 99	334. 92	419. 79	414. 49	445. 4	451. 08
福建	358. 43	347. 54	334. 15	362. 41	390. 55	348. 4	375. 03	352. 33
江西	331. 18	299. 57	297. 27	314. 07	363. 41	368. 02	417. 99	396. 47
山东	1771. 22	1777. 97	1628. 23	2213. 73	3196. 39	3300. 36	3878. 27	4075. 67
河南	610. 58	598. 2	601. 64	37. 12	704. 54	668. 82	696. 57	713. 83
湖北	669. 77	570. 06	595. 43	637. 14	754. 01	822. 13	851. 1	913
湖南	541. 05	440. 43	470. 92	507. 82	615. 79	660. 86	574. 49	671. 67
广东	1956. 41	1943. 03	1961. 91	2095. 15	2391. 35	2388. 37	2805. 71	2940. 1
广西	61. 41	61. 41	70. 24	73. 19	82. 36	97. 71	118. 21	152. 98
海南	14. 69	13. 49		31. 6	13. 87	11. 46	230. 1	816. 28
重庆		0. 19	0. 25	0. 27	0. 48	2. 86	3. 17	0. 13
四川	38. 89	55. 8	57. 78	75. 67	114. 99	140. 81	174. 94	239. 95
贵州								
云南					0. 06	0. 07	0. 07	0. 11
陕西	521. 61	618. 26	704. 25	869. 97	1072. 98	1242. 42	1488. 94	1608. 85
甘肃	880. 88	887. 1	935. 32	1017. 98	1154. 76	1229. 26	1323. 38	1432. 87
青海	62. 17	65. 4	62. 43	66. 73	83. 14	95. 05	104. 29	110. 15
宁夏	92. 62	128. 5466667	164. 4733333	200. 4	159. 1	167. 05	174. 42	156. 78
新疆	1071. 29	1076. 34	1128. 01	1189. 14	1314. 13	1628. 77	1813. 64	1873. 37

续表

地区	2008年	2009年	2010年	2011年	2012年	2013年	2014年	2015年
北京	1116.76	1162.93	1116.29	1105.08	1075.77	870.92	1034.62	991.54
天津	790.33	844.64	1566.79	1754.02	1544.62	1759.15	1603.17	1616.72
河北	1357.63	1379.12	1396.65	1564.68	1547.61	1385.89	1356.61	1666.82
山西								
内蒙古	189.25	191.76	140.74	118.66	87.02	411.07	411.36	383.67
辽宁	5945.19	5873.05	6558.91	6705.53	7000.91	6480.07	6364.79	6439.87
吉林	915.24	851.89	939.97	1064.58	977.05	1001.13	999.37	960.34
黑龙江	1735.97	2065.13	2106.53	2200.93	2166.48	2127.02	2141.97	2123.9
上海	1951.55	1937.18	2126.5	2134.69	2210.55	2611.76	2242.07	2526.11
江苏	2313.13	2661.44	2998.55	2981.07	2947.99	3394.78	3511.4	3823.2
浙江	2287.35	2505.8	2835.41	2939.77	2732.59	2853.65	2731.81	2846.84
安徽	426.34	454.13	477.57	484.13	421.38	551.67	749.22	690.59
福建	310.96	706.01	1141.74	963	1104.55	1007.11	2044.45	2164.85
江西	411	451.68	469.92	432.77	508.22	520.28	472.24	555.96
山东	4626.97	5142.9	5593.4	5826.37	6271.5	6766.01	7815.9	8607.02
河南	704.22	785.82	835.07	874.63	1010.02	963.57	845.17	847.26
湖北	884.26	946.6	1033.86	1026.23	947.74	1176.72	1290.87	1299.01
湖南	614.11	565.77	587.6	766.03	926	946.54	801.03	878.46
广东	3046.21	3709.44	4455.31	4403.37	4511.51	4729.48	4765.76	4899.6
广西	133.3	163.03	396.02	1064.06	1473	1296.13	1390.47	1428.77
海南	796.83	835.68	859.17	915.19	930.81	737.65	942.52	1116.11
重庆	0.02	0.01						
四川	285.49	315.68	351.76	361.75	351.47	306.49	865.4	989.56
贵州								0.02
云南	0.06	0.07	0.06	0.02	0.02	0.03	0.04	0.03
陕西	1764.73	1870.1	2104.61	2095.67	2267.96	2230.64	2249.6	2101.1
甘肃	1394.36	1440.79	1400.18	1635.77	1544.21	1575.63	1467.85	1446.5
青海	109.2	82.03	127.98	156.25	145.44	146.19	143.34	154.33
宁夏	183.75	182.65	175.77	91.71	424.12	463.31	426.15	477.12
新疆	1940.53	1997.9	2308.44	2598.46	2594.85	2560.76	2693.05	2489.49

附表 10　　　　天然气消费资料

地区	2000 年	2001 年	2002 年	2003 年	2004 年	2005 年	2006 年	2007 年
北京	10.9	16.74	21	21.19	27.02	32.04	40.65	46.64
天津	5.4	7.89	6.48	7.26	8.55	9.04	11.22	14.27
河北	7.72	6.97	7.74	8.28	9.73	9.14	11.01	12.05
山西	1.14	1.58	1.92	2.5	2.96	3.24	6.02	6.91
内蒙古	0.01	0.14	0.22	2.04	4.42	6.35	30.53	26.51
辽宁	20.15	18.93	18.81	18.82	15.81	14.81	13.1	14.24
吉林	2.98	3.02	3.02	3.08	4	7.65	7.48	9.63
黑龙江	23.04	22.03	20.22	20.96	20.34	24.43	24.53	30.7
上海	2.54	3.3	4.33	4.97	10.69	18.72	22.6	27.96
江苏	0.24	0.23	1.01	0.62	3.14	13.62	31.3	44.58
浙江					0.32	2.25	11.89	18.09
安徽					0.15	0.85	1.95	4.03
福建					0.6	0.51	0.57	0.48
江西					0	0.11	0.68	1.04
山东	4.53	4.93	4.63	9.61	11.71	17.14	22.6	22.36
河南	11.23	13.11	14.63	16.77	20.29	23.71	30.53	33.14
湖北	0.91	0.76	0.91	0.94	0.94	11.11	9.64	9.91
湖南					0.06	4.85	5.05	7.64
广东	1.43			1.26	1.62	2.49	14.46	45.69
广西					0.02	1.12	1.22	1.34
海南	5.28	6.56		24.08	23.89	20.07	23.97	23.49
重庆	33.26	26.56	27.33	28.75	30.34	35.5	40.05	43.53
四川	58.67	63.07	69.96	74.68	80.64	89.52	106.08	112.15
贵州	5.72	6	5.48	5.45	4.99	5.05	4.98	5.14
云南	5.17	5.29	5.14	5.6	5.76	6.12	5.45	5.49
陕西	6.67	10.84	14.01	18.26	32.77	18.76	28.43	41.34
甘肃	0.85	1.19	2.76	7.37	8.53	9.62	11.97	12.97
青海	3.91	5.85	11.27	15.15	17.91	11.02	13.27	14.3
宁夏	0.12			10.1	6.77	6.63	7.94	8.99
新疆	23.44	34.64	34.57	40.55	54.01	56.04	65.04	69.81

续表

地区	2008 年	2009 年	2010 年	2011 年	2012 年	2013 年	2014 年	2015 年
北京	60. 65	69. 4	74. 79	73. 56	92. 07	98. 81	113. 7	146. 88
天津	16. 84	18. 12	23. 1	26. 02	32. 58	37. 79	45. 49	63. 98
河北	17. 17	23. 11	29. 74	35. 09	45. 13	49. 86	56. 08	72. 97
山西	6. 6	13. 76	28. 93	31. 93	37. 39	45. 08	50. 35	64. 92
内蒙古	30. 53	44. 29	45. 32	40. 84	37. 84	43. 51	44. 53	39. 15
辽宁	16. 21	16. 44	19. 06	39. 07	63. 72	78. 68	84	55. 35
吉林	13. 83	16. 66	22. 01	19. 38	22. 79	24. 05	22. 58	21. 34
黑龙江	31. 47	30	29. 9	31	33. 68	34. 77	35. 48	35. 82
上海	30	33. 52	45. 08	55. 43	64. 38	72. 89	72. 43	77. 41
江苏	63. 13	63. 43	72. 14	93. 74	113. 14	124. 47	127. 7	165. 02
浙江	17. 7	19. 3	32. 62	43. 88	48. 08	56. 72	78. 16	80. 35
安徽	7. 17	9. 77	12. 54	20. 14	24. 9	27. 81	34. 46	34. 83
福建	1. 53	8. 49	29. 1	37. 89	37. 49	49. 39	50. 26	45. 38
江西	2. 5	2. 58	5. 27	6. 34	10. 04	13. 43	15. 19	18. 02
山东	34. 5	40. 24	47. 75	52. 86	67. 23	68. 8	74. 96	82. 32
河南	38. 23	41. 5	47. 21	54. 96	73. 92	79. 77	76. 87	78. 77
湖北	15. 6	16. 52	19. 64	24. 92	29. 28	31. 97	40. 24	40. 26
湖南	8. 23	10. 23	11. 88	15. 34	18. 79	20. 46	24. 4	26. 51
广东	53. 58	112. 86	95. 71	114. 46	116. 48	124. 05	133. 83	145. 16
广西	1. 01	1. 21	1. 82	2. 53	3. 18	4. 55	8. 25	8. 37
海南	26. 78	24. 94	29. 72	48. 86	47. 49	46. 02	46	46
重庆	48. 75	49. 47	56. 59	61. 8	70. 98	72. 19	82. 15	88. 37
四川	108. 94	126. 99	175. 39	156. 08	153	148. 3	165. 17	170. 98
贵州	4. 74	4. 18	4. 19	4. 76	5. 26	8. 42	10. 62	13. 32
云南	5. 28	4. 52	3. 64	4. 2	4. 3	4. 27	4. 63	6. 34
陕西	51. 6	50. 01	59. 19	62. 49	65. 97	70. 3	74. 26	82. 69
甘肃	12. 01	12. 43	14. 42	15. 85	20. 28	23. 23	25. 2	26. 04
青海	22. 9	24. 56	23. 72	32. 05	40. 11	41. 56	40. 59	44. 38
宁夏	11	11. 98	15. 48	18. 58	20. 48	19. 57	17. 88	20. 65
新疆	69. 84	67. 93	80. 15	95. 02	101. 95	127. 41	169. 87	145. 84

附表 11　　经济增长数据资料

地区	2000 年	2001 年	2002 年	2003 年	2004 年	2005 年	2006 年	2007 年
北京	3161.70	3596.51	4261.60	4933.89	5888.92	6705.60	7741.52	9169.39
天津	1701.88	1896.33	2133.58	2531.36	2987.44	3693.30	4157.34	4695.16
河北	5043.96	5489.31	6051.23	6811.37	8002.87	9284.30	10457.26	11853.96
山西	1845.72	2033.60	2368.30	2856.65	3431.11	3973.01	4490.48	5299.78
内蒙古	1539.12	1703.59	1925.70	2319.76	2869.34	3596.75	4487.51	5572.91
辽宁	4669.10	5033.10	5521.14	5970.81	6414.82	7633.30	8719.44	9952.72
吉林	1951.51	2093.14	2330.52	2611.10	2941.90	3361.00	3915.70	4618.70
黑龙江	3151.40	3363.19	3634.84	4017.80	4530.28	5196.67	5743.77	6232.80
上海	4771.17	5210.12	5712.47	6656.27	7858.10	8916.08	10071.31	11538.56
江苏	8553.69	9381.79	10604.29	12314.26	14269.19	17322.80	19927.69	22861.91
浙江	6141.03	6912.16	8092.56	9633.62	11133.26	12656.89	14671.70	16804.10
安徽	2902.09	3230.56	3537.58	3875.59	4499.18	4990.39	5632.74	6443.59
福建	3764.54	4126.49	4550.51	5033.43	5594.33	6224.28	7144.41	8279.60
江西	2003.07	2186.61	2461.07	2798.00	3327.97	3839.64	4509.77	5175.82
山东	8337.47	9032.46	9918.90	11736.85	14435.67	17030.27	19970.96	23271.13
河南	5052.99	5494.55	5985.74	6705.82	7924.26	9608.37	11076.68	12759.15
湖北	3435.39	3868.92	4217.93	4658.87	5257.82	5977.65	6801.97	7949.45
湖南	3551.49	3866.70	4211.14	4613.85	5316.53	6074.72	6980.42	8117.89
广东	10741.25	12124.12	13786.49	16076.70	18588.82	21738.47	25171.97	29017.06
广西	2080.40	2265.75	2532.48	2801.20	3265.90	3699.36	4348.68	5029.42
海南	526.82	587.99	655.40	727.09	799.48	883.23	1009.03	1130.53
重庆	1791.00	1943.82	2205.24	2509.55	2874.27	3259.76	3587.88	4100.00
四川	3928.20	4205.18	4643.61	5155.64	5879.83	6695.38	7700.75	8835.77
贵州	1029.92	1113.23	1234.03	1398.22	1581.77	1871.73	2146.35	2487.16
云南	2011.19	2157.73	2338.50	2553.00	2903.48	3216.26	3636.27	4110.57
陕西	1804.00	1990.71	2255.67	2548.29	3034.63	3715.65	4415.30	5096.35
甘肃	1052.88	1082.09	1185.12	1332.27	1570.41	1767.80	2055.36	2312.52
青海	263.68	292.52	324.46	364.37	421.95	488.14	573.52	661.26
宁夏	295.02	332.13	373.42	433.79	504.54	566.96	659.02	791.60
新疆	1363.56	1434.23	1559.36	1816.56	2071.23	2423.94	2797.88	3068.50

续表

地区	2008 年	2009 年	2010 年	2011 年	2012 年	2013 年	2014 年	2015 年
北京	9851. 84	10940. 36	12407. 55	13524. 58	14409. 22	15447. 93	16376. 30	17348. 04
天津	5698. 07	6441. 40	7628. 63	8918. 57	9899. 73	10757. 05	11501. 34	11897. 13
河北	13134. 15	14234. 56	16341. 66	18584. 83	19635. 38	20411. 37	20756. 34	20846. 56
山西	6003. 77	6064. 46	7360. 73	8544. 90	8985. 81	9116. 65	9035. 93	8985. 56
内蒙古	6971. 36	8013. 77	9305. 34	10843. 17	11630. 89	12001. 94	12413. 96	12317. 60
辽宁	11644. 92	12953. 77	15253. 09	17465. 17	18984. 53	20299. 65	20999. 06	20743. 92
吉林	5343. 23	6047. 96	6944. 98	8045. 97	8868. 42	9417. 71	9769. 55	9792. 00
黑龙江	6910. 54	7123. 57	8278. 68	9492. 53	10011. 29	10337. 87	10599. 01	10512. 48
上海	12283. 90	13190. 60	14594. 80	15516. 73	15864. 81	16765. 59	17642. 46	18362. 70
江苏	25838. 30	28860. 74	33423. 71	37619. 01	40371. 64	43600. 27	46466. 13	49238. 27
浙江	18310. 42	19918. 47	23129. 97	25588. 41	26860. 67	28598. 19	29814. 32	31385. 57
安徽	7298. 25	8373. 06	9970. 85	11693. 59	12863. 66	14033. 11	14972. 37	15601. 91
福建	9267. 46	10670. 97	12450. 71	14094. 42	15438. 20	16722. 96	18031. 34	19142. 39
江西	5865. 70	6484. 15	7769. 29	9140. 29	9842. 83	10683. 33	11382. 91	11933. 69
山东	26739. 03	27828. 47	32157. 72	36181. 07	37984. 25	41083. 78	43240. 96	44983. 61
河南	14308. 16	15559. 30	17815. 29	19669. 36	21082. 66	22286. 99	23740. 09	24819. 84
湖北	9079. 77	10430. 68	12486. 86	14516. 51	15988. 78	17326. 36	18766. 79	19951. 60
湖南	9372. 85	10631. 66	12662. 41	14715. 87	16248. 20	17610. 54	18981. 48	20014. 52
广东	31818. 92	34963. 07	39513. 22	43385. 64	45259. 23	48357. 69	51302. 14	54246. 16
广西	5626. 02	6353. 48	7609. 38	8800. 52	9481. 06	10282. 86	10923. 77	11537. 31
海南	1267. 08	1404. 05	1671. 39	1925. 44	2111. 73	2286. 53	2461. 23	2576. 74
重庆	4811. 83	5513. 82	6481. 56	7775. 23	8638. 29	9428. 44	10338. 62	11252. 42
四川	10032. 66	11177. 34	13155. 55	15280. 04	16920. 23	18194. 54	19368. 91	20104. 65
贵州	2854. 70	3176. 80	3630. 59	4277. 81	5005. 22	5760. 76	6444. 42	7174. 27
云南	4638. 24	5007. 41	5652. 36	6636. 31	7488. 79	8334. 93	8817. 89	9197. 69
陕西	6087. 69	6764. 29	8061. 81	9426. 81	10593. 89	11526. 30	12379. 14	12491. 50
甘肃	2502. 86	2644. 27	3089. 90	3555. 75	3897. 00	4232. 59	4475. 65	4376. 93
青海	767. 34	793. 50	940. 70	1096. 31	1205. 83	1300. 00	1373. 14	1404. 16
宁夏	955. 84	1066. 45	1279. 43	1496. 92	1633. 99	1739. 57	1823. 27	1907. 12
新疆	3371. 62	3421. 93	4169. 79	4784. 33	5231. 93	5662. 51	6090. 35	6089. 36

附表 12　城镇化数据资料

地区	2000 年	2001 年	2002 年	2003 年	2004 年	2005 年	2006 年	2007 年
北京	77.54	78.06	78.56	79.05	79.53	83.62	84.33	84.50
天津	58.39	58.56	58.88	59.37	59.64	75.11	75.73	76.31
河北	26.09	28.56	31.04	33.52	35.83	37.69	38.44	40.25
山西	35.88	35.09	38.09	38.81	39.63	42.11	43.01	44.03
内蒙古	42.20	43.54	44.02	44.74	45.86	47.20	48.64	50.15
辽宁	54.90	55.01	55.51	56.01	56.01	58.70	58.99	59.20
吉林	42.20	43.54	44.06	44.74	45.86	52.52	52.97	53.16
黑龙江	51.94	52.38	52.57	52.59	52.78	53.10	53.50	53.90
上海	74.62	75.28	76.36	77.61	81.16	89.09	88.70	88.70
江苏	41.36	42.60	44.70	46.77	48.18	50.11	51.90	53.20
浙江	48.70	50.90	51.90	53.00	54.00	56.02	56.50	57.20
安徽	28.00	29.31	30.70	32.00	33.49	35.50	37.10	38.70
福建	41.96	42.50	44.58	45.10	46.00	47.30	48.00	48.70
江西	27.69	30.40	32.20	34.02	35.58	37.00	38.68	39.80
山东	26.78	27.84	29.00	31.05	32.15	45.00	46.10	46.75
河南	23.20	24.43	25.80	27.21	28.91	30.65	32.47	34.34
湖北	40.47	38.64	39.22	39.78	40.35	43.20	43.80	44.30
湖南	29.75	30.80	32.00	33.50	35.50	37.00	38.71	40.45
山东	26.78	27.84	29.00	31.05	32.15	45.00	46.10	46.75
广西	75.25	76.42	78.64	29.05	31.70	33.62	34.64	36.24
海南	23.54	23.99	24.91	25.25	37.79	45.20	46.10	47.20
重庆	35.59	37.40	39.90	41.90	43.51	45.20	46.70	48.34
四川	18.61	19.23	19.80	21.05	22.27	33.00	34.30	35.60
贵州	23.96	23.96	24.29	24.77	26.28	26.87	27.46	28.24
云南	23.36	24.86	26.01	26.60	28.10	29.50	30.50	31.60
陕西	32.27	33.62	34.62	35.53	36.36	37.23	39.12	40.62
甘肃	24.01	24.50	25.95	27.39	28.60	30.02	31.09	31.59
青海	34.88	36.33	37.69	38.20	38.59	39.25	39.26	40.07
宁夏	32.54	33.32	34.20	36.92	40.60	42.28	43.00	44.02
新疆	33.75	33.75	33.84	34.39	35.15	37.15	37.94	39.15

续表

地区	2008 年	2009 年	2010 年	2011 年	2012 年	2013 年	2014 年	2015 年
北京	84. 9	85	85. 96	86. 2	86. 2	86. 3	86. 35	86. 5
天津	77. 23	78. 01	79. 44	80. 5	81. 55	82. 01	82. 27	82. 64
河北	41. 9	43	43. 94	45. 6	46. 8	48. 12	49. 33	51. 33
山西	45. 11	45. 99	48. 05	49. 68	51. 26	52. 56	53. 79	55. 03
内蒙古	51. 71	53. 4	55. 53	56. 62	57. 74	58. 71	59. 51	60. 3
辽宁	60. 05	60. 35	62. 15	64. 05	65. 65	66. 45	67. 05	67. 35
吉林	53. 21	53. 32	53. 36	53. 4	53. 7	54. 2	54. 81	55. 31
黑龙江	55. 4	55. 5	55. 66	56. 5	56. 9	57. 4	58. 01	58. 8
上海	88. 6	88. 6	89. 30	89. 3	89. 3	89. 6	89. 6	87. 6
江苏	54. 3	55. 6	60. 22	61. 9	63	64. 11	65. 21	66. 52
浙江	57. 6	57. 9	61. 64	62. 3	63. 2	64	64. 87	65. 8
安徽	40. 5	42. 1	42. 99	44. 8	46. 5	47. 86	49. 15	50. 5
福建	49. 9	51. 4	57. 09	58. 1	59. 6	60. 77	61. 8	62. 6
江西	41. 36	43. 18	43. 75	45. 7	47. 51	48. 87	50. 22	51. 62
山东	47. 6	48. 32	49. 71	50. 95	52. 43	53. 75	55. 01	57. 01
河南	36. 03	37. 7	38. 52	40. 57	42. 43	43. 8	45. 2	46. 85
湖北	45. 2	46	49. 70	51. 83	53. 5	54. 51	55. 67	56. 85
湖南	42. 15	43. 2	43. 31	45. 1	46. 65	47. 96	49. 28	50. 89
山东	47. 6	48. 32	49. 71	50. 95	67. 4	67. 76	68	68. 71
广西	38. 16	39. 2	40. 02	41. 8	43. 53	44. 81	46. 01	47. 06
海南	48	49. 13	49. 69	50. 5	51. 6	52. 74	53. 76	55. 12
重庆	49. 99	51. 59	53. 03	55. 02	56. 98	58. 34	59. 6	60. 94
四川	37. 4	38. 7	40. 22	41. 83	43. 53	44. 9	46. 3	47. 69
贵州	29. 11	29. 89	33. 78	34. 96	36. 41	37. 83	40. 01	42. 01
云南	33	34	34. 72	36. 8	39. 31	40. 48	41. 73	43. 33
陕西	42. 1	43. 5	45. 70	47. 3	50. 05	51. 31	52. 57	53. 92
甘肃	32. 15	32. 65	35. 94	37. 15	38. 75	40. 13	41. 68	43. 19
青海	40. 86	41. 9	44. 72	46. 22	47. 44	48. 51	49. 78	50. 3
宁夏	44. 98	46. 1	47. 96	49. 82	50. 67	52. 01	53. 61	55. 23
新疆	39. 64	39. 85	42. 79	43. 54	43. 98	44. 47	46. 07	47. 23

附录 13　　　　国际贸易数据资料

地区	2000 年	2001 年	2002 年	2003 年	2004 年	2005 年	2006 年	2007 年
北京	20.08	17.66	15.99	16.46	17.99	21.62	24.49	23.35
天津	37.33	38.25	42.66	44.46	54.48	54.60	58.39	55.24
河北	5.38	5.21	5.72	7.10	9.48	9.85	10.56	12.19
山西	9.38	10.55	9.80	10.83	16.68	12.21	10.73	12.14
内蒙古	5.99	4.33	4.40	5.29	5.14	4.80	4.34	4.50
辽宁	18.78	17.68	18.29	20.75	24.30	25.11	24.31	24.27
吉林	6.31	5.97	6.58	7.49	5.08	6.25	5.81	5.81
黑龙江	6.37	5.31	5.49	7.60	6.48	8.60	9.00	10.76
上海	42.75	42.68	44.71	56.67	71.49	76.70	81.79	83.56
江苏	25.53	25.72	30.45	39.64	48.57	54.88	59.76	60.69
浙江	27.61	29.11	32.64	37.85	43.45	49.79	54.57	55.53
安徽	6.05	5.53	5.47	5.84	6.19	7.78	8.62	8.76
福建	29.96	30.06	34.07	38.98	43.87	44.92	43.86	40.41
江西	4.91	4.16	3.57	4.17	6.24	5.36	6.54	7.16
山东	15.98	16.63	17.32	18.98	20.48	21.28	21.97	23.07
河南	2.60	2.75	3.20	4.01	4.26	4.34	4.64	4.61
湖北	4.58	3.83	4.07	4.46	4.78	5.21	6.17	6.54
湖南	3.80	3.76	3.60	3.84	4.61	4.79	5.37	5.31
广东	72.01	65.88	73.00	80.30	84.42	87.51	91.59	89.34
广西	6.53	4.91	4.84	5.21	5.58	5.91	6.43	6.41
海南	9.56	9.11	8.69	7.52	8.33	7.60	8.23	10.07
重庆	4.90	4.91	4.14	4.82	5.12	5.66	6.31	6.87
四川	3.02	3.25	4.61	4.70	4.53	4.54	5.21	5.26
贵州	3.87	3.75	3.76	4.71	6.26	4.64	4.60	5.38
云南	4.50	4.44	4.63	4.76	5.43	5.64	6.12	6.83
陕西	6.09	5.83	5.79	6.10	6.84	8.00	7.38	7.05
甘肃	3.31	3.51	3.43	4.38	5.08	4.69	5.63	4.74
青海	4.19	4.65	3.94	4.68	8.20	4.73	6.28	2.76
宁夏	9.94	9.68	7.89	10.00	11.32	10.80	12.02	11.18
新疆	6.97	3.71	6.62	10.47	10.95	15.71	18.35	23.20

续表

地区	2008 年	2009 年	2010 年	2011 年	2012 年	2013 年	2014 年	2015 年
北京	21.69	16.39	14.73	12.57	11.03	10.59	9.37	7.95
天津	42.90	27.59	27.72	25.74	24.02	21.39	20.88	18.46
河北	12.64	7.61	9.29	9.45	8.85	9.06	10.54	10.09
山西	13.65	3.80	4.96	4.42	4.40	4.86	5.74	5.66
内蒙古	3.76	2.69	2.53	2.72	2.14	1.96	2.27	2.17
辽宁	21.42	14.69	15.75	14.86	13.34	12.39	12.27	11.25
吉林	5.32	3.14	3.52	3.32	3.19	2.76	2.86	2.41
黑龙江	7.76	5.05	5.55	4.75	4.57	5.34	5.11	2.64
上海	79.21	61.76	68.32	66.80	60.54	54.62	51.41	44.90
江苏	54.97	41.11	45.99	42.67	39.03	35.26	34.00	31.41
浙江	54.38	43.88	49.07	47.76	44.55	43.87	44.17	41.66
安徽	8.44	5.72	5.99	6.64	7.57	7.37	8.03	7.93
福建	35.90	28.53	30.60	29.69	28.46	27.22	25.61	22.79
江西	7.76	6.75	8.46	9.19	9.76	10.21	10.88	11.38
山东	21.70	16.66	19.06	19.15	17.16	16.18	16.46	14.88
河南	4.79	3.08	3.57	5.20	6.81	7.56	7.68	7.81
湖北	7.01	4.97	5.90	6.28	5.32	5.34	5.53	5.79
湖南	5.30	3.26	3.62	3.60	3.52	3.69	3.99	4.17
广东	77.62	62.70	68.73	68.36	70.37	73.94	69.38	63.30
广西	6.77	4.37	4.62	4.73	4.46	4.10	5.25	5.28
海南	7.70	7.21	7.09	5.72	6.21	6.30	7.55	7.28
重庆	6.40	4.30	5.97	9.65	17.18	18.87	22.97	16.04
四川	5.88	5.56	4.89	6.65	8.24	7.84	8.11	5.96
贵州	5.35	2.67	2.96	2.98	2.90	2.51	2.44	3.28
云南	5.47	4.07	4.79	4.51	3.32	4.68	5.18	4.94
陕西	6.44	3.42	3.77	3.49	3.71	3.98	5.04	5.12
甘肃	3.84	1.67	2.09	2.02	2.04	1.43	1.92	2.01
青海	2.69	1.25	1.59	1.31	1.43	1.04	0.86	0.96
宁夏	9.90	5.02	6.22	6.18	5.05	4.41	6.12	5.14
新疆	30.68	17.42	15.63	13.57	11.99	11.91	11.95	8.48

附表 14　　出口数据资料

地区	2000 年	2001 年	2002 年	2003 年	2004 年	2005 年	2006 年	2007 年
北京	766723	791365	833685	995985	1311698	1839661. 34	2493366. 4	3023578. 3
天津	767427	886930	1108387	1384932	2047852	2603214. 79	3269036. 1	3816041. 4
河北	327814	347069	415768	593993	970952	1203361. 27	1519390. 3	2180604. 5
山西	209094	258732	275155	373515	719609	630492. 29	656810. 5	961735
内蒙古	111400	89695	103212	152567	188709	228742. 54	269442. 7	380364. 9
辽宁	1058947	1074832	1205989	1504708	1958552	2467161. 59	2836963. 8	3563682. 5
吉林	148693	152980	186810	240856	191674	276416. 37	311746. 8	403904. 9
黑龙江	242393	217600	241239	372503	371991	578938. 80	701387. 4	1005190. 7
上海	2463961	2686482	3101288	4583292	6973125	8658270. 73	10847385. 1	13729646. 2
江苏	2637694	2938782	3901482	5958671	8803941	12459678. 83	16298195. 6	20765836. 4
浙江	2048214	2426110	3156471	4438510	6115262	8155103. 97	10759681. 2	13696203. 4
安徽	211942	216970	232631	276877	355908	508064. 65	660767. 2	847669. 1
福建	1362282	1479042	1838727	2346763	3055072	3594550. 70	4172241. 7	4914716. 2
江西	118837	109230	105792	141502	260783	265400. 31	395252. 7	546334
山东	1609267	1847788	2150069	2769400	3717848	4772102. 22	6034302. 8	7821241. 2
河南	158683	183985	233571	333074	440023	561320. 45	719852. 8	909922. 7
湖北	189977	179636	207335	256564	325159	419384. 10	590009. 6	802387. 1
湖南	163190	174155	180355	216386	314416	385606. 91	517924. 4	659161. 5
广东	9342792	9582860	11909156	15370992	19241067	24097511. 08	30546430. 8	37336085. 4
广西	164048	135109	147665	177705	231441	287198. 84	383111. 5	490622. 8
海南	60853	63729	67461	64842	82492	85203. 76	109957. 3	166170. 9
重庆	106048	117166	111615	148969	187608	239763. 95	309242. 4	422271. 8
四川	143360	168450	262983	302836	348804	409237. 09	567611. 8	731212. 3
贵州	48166	51281	56551	81182	126838	113495. 43	135063. 4	203976. 7
云南	109271	114719	129403	146961	202035	238575. 55	306084. 5	428695
陕西	132693	141660	157739	190697	262428	384088. 49	439249. 6	533872. 7
甘肃	42079	47774	51047	74062	103604	110609. 83	160830. 6	168566. 4
青海	13355	16864	16228	22081	46181	31349. 58	51123. 1	28897. 2
宁夏	35426	39481	35938	53802	73491	80775. 93	109480. 6	135098
新疆	114724	66810	129029	238643	292142	499332. 95	701059. 7	1074853

续表

地区	2008 年	2009 年	2010 年	2011 年	2012 年	2013 年	2014 年	2015 年
北京	3471870.3	2915310.5	3071739	3162521.2	3124774.2	3322139.7	3164897	2900145
天津	4150023.4	3037506.6	3777104.4	4506674.6	4906047.6	4892996	5201145	4835967
河北	2913417.6	1919226.6	2797360.8	3585170.1	3727327.7	4084404.7	4913785	4765576
山西	1437757.4	409750.5	674097.7	768474.8	844688.6	974937.1	1160944	1143866
内蒙古	459829.5	383933.4	435699.1	604496.9	539399.2	525553	640018	613404
辽宁	4215596.5	3271745.8	4294282.6	5114215.2	5251715.3	5340791	5566061	5110024
吉林	491921.4	334697	450650.4	543391.8	602770.6	569895.4	624616	536326
黑龙江	929080.6	635349.6	850565.1	924668.5	990760.7	1223889.9	1216656	631721
上海	16047013.2	13604208.2	17325476	19852911.5	19354244.6	18878590.8	19194665	17869857
江苏	24520797.7	20735942.3	28144864.7	32443896.5	33424029.2	33380419.8	35055845	34883336
浙江	16804832.7	14767376.3	20094363.8	23900739.7	24466542.7	26241356.8	28110404	28300253
安徽	1075284.7	842335.2	1092705.2	1572974.1	2064674.6	2246022	2650946	2765407
福建	5594071.6	5111047.6	6661874.2	8071660.3	8882714.5	9431370.3	9758460	9379516
江西	778761.8	756820.5	1180726	1664959.1	2002105.4	2330061.6	2708856	3014050
山东	9667344.4	8268512.6	11030065.5	13449249.6	13593588.2	14154609.6	15499712	14849436
河南	1241969.4	877223.5	1219428.3	2167254.8	3193071.9	3857778.8	4253352	4577870
湖北	1143924	943290	1390998.3	1907825.4	1875374.1	2098599.5	2398034	2709819
湖南	881961	623791.6	857759	1096947.6	1234202.2	1440296.6	1709068	1908535
广东	41125055.4	36239048.5	46717701.4	56321600	63622169.2	73176340.6	74530955	73018796
广西	683999.2	496276.1	652450.9	859064.3	921500.1	939561.1	1304259	1405562
海南	166601.5	174529	216203.6	223309.6	280702.8	317293	418531	426793
重庆	534024.6	411372.3	699444.9	1495691	3104672.1	3821139.6	5190301	3993808
四川	1066557.2	1152180.6	1240290.4	2163358.2	3115567.1	3276046.4	3668402	2838678
贵州	274143.5	152777.2	201561.4	263410.9	314607.3	320949	358005	544979
云南	448392.3	367972.5	510788.7	620874.2	542363.6	876854.9	1051669	1066471
陕西	678153.9	409123.1	563478.5	676817.5	850077	1022410.4	1413742	1462161
甘肃	175007.7	83059.8	127497	156985.9	183041.7	142942.6	208026	215921
青海	39428	19782.6	31765.2	33953.4	42796.5	35070.9	31555	36670
宁夏	171670.7	99533.8	155224.6	201305.6	187459.2	179873.6	266659	236899
新疆	1847995.9	1090808.4	1255467.5	1389140.5	1426084.4	1593281.9	1754986	1252263

附表 15　　　　　　　　进口数据资料

地区	2000 年	2001 年	2002 年	2003 年	2004 年	2005 年	2006 年	2007 年
北京	1657655	1972456	1836527	2137426	2970287	3508936. 67	4552680. 3	5180163. 6
天津	948198	940072	1176633	1618109	2275780	2859947. 04	3459286. 4	3740327. 4
河北	220897	234504	267139	374596	557013	729417. 41	828315. 4	1266582. 2
山西	70060	68422	84584	144412	187320	278824. 40	309346. 3	562048. 4
内蒙古	127227	128830	163326	170065	248769	301675. 78	341843. 1	528708. 4
辽宁	947800	1029053	1136644	1481429	2034846	2236557. 17	2405379. 4	2954328. 4
吉林	149839	197263	220622	432167	556995	459748. 43	558397. 1	726816. 2
黑龙江	156866	192627	227526	249011	346293	467972. 98	705855. 2	837705. 1
上海	3006375	3384170	4123841	6468305	8706808	9492203. 61	11275884. 4	13657380. 3
江苏	2281743	2509084	3547407	6169718	9150226	11387842. 56	13605922. 7	16458910
浙江	1103956	1265327	1479011	2193298	3350658	4225952. 74	5247861. 2	6223708. 9
安徽	157041	147552	187842	290621	343183	418306. 68	564259. 9	726111
福建	933444	959621	1194191	1509499	1929674	2085357. 65	2316590. 7	2614279. 8
江西	86369	71128	93887	154182	220999	230520. 94	329947. 8	484917
山东	1215730	1385178	1586886	2171717	3223743	4139425. 33	5029255. 8	6258877
河南	153706	158310	139471	225179	295524	345259. 90	378362. 5	510753
湖北	199287	236801	245879	324268	430713	579901. 89	621314. 8	728667. 6
湖南	136036	118170	146981	253509	293809	310358. 07	279924. 8	360417. 4
广东	8205961	8418454	10635982	13552002	17094293	19820899. 54	23636556. 8	27905311. 6
广西	64448	73099	113029	144463	251768	289081. 60	377859. 5	556042. 9
海南	48567	99374	111851	126309	207491	126784. 93	229280	541061. 3
重庆	79059	96552	90698	106958	185404	183318. 49	221821. 2	293794. 3
四川	134392	167580	183161	275156	320602	358219. 65	499668. 2	630322. 1
贵州	37480	35388	41478	74162	110199	90451. 06	86194. 8	116147. 8
云南	79149	100353	103355	125044	171396	260959. 45	331632. 7	450821. 1
西藏	3990	2416	5705	4778	4678	2431. 72	2156. 4	2662. 6
陕西	106061	123087	120674	164772	193260	230842. 90	252989. 3	289721. 5
甘肃	27076	43724	52782	55150	92806	188082. 14	283137. 9	418840. 6
青海	9290	8557	7216	12196	18593	17673. 52	42544. 2	39028. 2
宁夏	17785	23970	13483	20662	39629	37337. 39	51788. 8	61084. 1
新疆	143886	170227	179203	246819	310117	330984. 57	320029. 1	469486. 4

续表

地区	2008年	2009年	2010年	2011年	2012年	2013年	2014年	2015年
北京	6032266.9	5793394.4	7997700.7	9767537.4	9741816.9	9833938.3	11146169	10177399
天津	4540282.1	4165981.1	5384080	6661313.6	7378744.2	8567011.1	9240923	7060037
河北	2175061.4	2107501.2	3407879.3	4829853.3	4501571.8	4937530.9	4513091	3259342
山西	581540.2	522511.8	711887.6	853751.4	814484.9	741155.6	690216	600825
内蒙古	583521.8	562437.5	732504.1	877842.7	857518.6	913392.7	889460	777202
辽宁	4000788.5	3712986.2	5234897.7	6180928.5	6582068.9	6795259.6	6972816	5597295
吉林	870334.3	853611.4	1251662.5	1761819.4	1845065.2	1949170.4	2079065	1461563
黑龙江	1112895.5	700737.6	983336.7	1691503.4	1830541.4	1515748.2	1725737	1000630
上海	15341258.1	13728694.1	19218853.9	23462035.6	24061467.4	24549208.1	26065608	24433852
江苏	18525901.9	15857251.6	21733392.8	25680504.5	25442565.2	25949108.6	25857102	23213986
浙江	7635901.8	6303796.9	8630644.1	11239927.3	10352190.6	10309401.1	9716552	7605630
安徽	879772.5	723186	1245302.3	1460083.8	1231259.9	1646730.6	1669316	1483881
福建	3077888.6	3012904.3	4393092.1	5385760.7	5736388.7	6016932.3	6691912	5377123
江西	721953.1	626273.3	914590.3	1134067.7	1021461.7	1035180.7	1202460	1051028
山东	9097014.5	8083702.9	11485961.7	15006329	16071053.3	17339599.1	17341301	12988004
河南	746890.5	629600.9	782100.2	1391505	2240235.9	2419579.6	2594162	3117785
湖北	992041.7	824003.5	1211904.3	1467144.3	1368408.6	1464928.9	1686684	1746461
湖南	477962.7	536947.8	703077.5	913355.7	911031.6	991309.9	1120946	1021876
广东	30652625.5	26959803.9	36682916	44357796.3	47910672.3	54942818.3	49663299	43500052
广西	802427.9	859714.1	1302430.1	2373050.7	3165971.9	2930045.8	3184493	3215686
海南	792445	673789.2	820850.9	1121595.1	1175350.7	1158511.4	1274251	1124726
重庆	370811.2	360336.5	483486.5	952263.9	1419421.2	2057383.7	3065556	1877375
四川	926159.7	999389	1389346.1	1847803.2	2054635.2	2233421.9	2455287	1855499
贵州	206521.6	119939.1	144274.8	228545.1	190636.2	154751.3	155804	237995
云南	484501.9	377770.1	522467.4	604852.6	669573.4	705575.5	939709	832599
西藏	2148.4	2226.4	5150	15664.2	9170.3	5491.6	8842	13778
陕西	367432.4	458176.6	606887.8	731530.6	668895.8	999564.5	1355092	1525548
甘肃	481244.9	365400.1	611311.8	625759.6	533297	541213	318646	220369
青海	40603.3	51927	50042	42214.8	38498.5	50501.1	30450	22434
宁夏	86466.7	96599.2	101506.4	79615.5	79850.3	80954.2	134633	101967
新疆	649551.5	521726.2	880862.8	1602401.1	1936652.8	2163528.8	2133881	1454503

附表 16　　产业增加值数据资料

地区	2000 年	2001 年	2002 年	2003 年	2004 年	2005 年	2006 年	2007 年
北京	1445.28	1721.97	1998.13	2255.6	2570.04	4761.81	5580.81	6742.66
天津	745.65	856.91	965.26	1112.71	1269.43	1534.07	1752.63	2047.68
河北	1704.45	1896.47	2119.52	2377.04	2763.16	3360.54	3938.94	4662.98
山西	636.36	690.9	735.95	852.07	978.96	1563.94	1727.44	2025.09
内蒙古	493.93	560.43	631.28	756.38	873.5345217	1532.78	1814.42	2174.46
辽宁	1821.22	2048.09	2258.17	2487.85	2823.871076	3173.32	3545.28	4036.99
吉林	622.18	742.54	821.58	892.33	1017.94	1413.83	1687.07	2025.44
黑龙江	1027.45	1152.96	1266.01	1396.75	1559.915369	1855.22	2086	2454.04
上海	2304.27	2509.81	2755.83	3029.45	3565.34	4620.92	5244.2	6408.5
江苏	3115.67	3522.02	3961.65	4567.37	5371.677672	6489.14	7849.23	9618.52
浙江	2188.71	2593.25	3120	3726	4382	5378.87	6307.85	7645.96
安徽	1009.73	1124.74	1244.34	1458.97	1710.44	2187.46	2471.94	2874.88
福建	1568.34	1698.36	1857.29	2046.5	2324.94	2527.47	2974.67	3697.6
江西	817.17	881.56	962.73	1043.08	1188.5	1411.92	1563.65	1753.56
山东	3029.47	3424.31	3852.52	4298.41	4987.91	5924.74	7187.26	8680.24
河南	1562.3	1746.73	1929.31	2256.95	2652.26	3181.27	3721.44	4511.97
湖北	1490.32	1656.45	1822.58	2022.78	2295.16	2628	3075.83	3886
湖南	1445.1	1584.27	1756.49	1958.05	2242	2640.48	3084.96	3657.04
广东	3793.42	4301.75	4801.3	5225.267031	5903.75	9598.34	11195.53	13449.73
广西	763.45	876.82	995.72	1074.89	1220.46	1652.57	1917.47	2289
海南	219.47	232.92	249.85	271.44	305.11	373.75	420.51	497.95
重庆	648.83	729.08	827.97	936.9	1052.83	1347.97	1564.79	1748.02
四川	1364.18	1683.22	1865.06	2061.65	2471.75964	2836.74	3267.14	3832
贵州	334.69	390.99	429.53	478.43	543.13	783.49	908.05	1147.25
云南	675.59	742.68	810.34	893.16	1040.96	1370.32	1544.31	1852.88
西藏	53.93	69.08	88.81	95.89	110.6	139.65	160.01	188.82
陕西	649.9	740.69	806.39	944.99	1071.71	1390.61	1594.76	1908.6
甘肃	350.12	384.39	416.62	460.37	519.35	787.36	900.16	1037.11
青海	111.06	125.98	142.2	159.8	180.86	213.37	240.78	282.42
宁夏	99.58	114.44	125.28	137.84	155.8	252.79	281.39	339.49
新疆	489.34	566.99	621.18	667.87	745.38	929.41	1058.16	1246.89

续表

地区	2008 年	2009 年	2010 年	2011 年	2012 年	2013 年	2014 年	2015 年
北京	7682.07	9179.19	10600.84	12363.18	13669.93	14986.43	16627.04	18331.74
天津	2410.73	3405.16	4238.65	5219.24	6058.46	6905.03	7795.18	8625.15
河北	5376.59	6068.31	7123.77	8483.17	9384.78	10038.89	10960.84	11979.79
山西	2370.48	2886.92	3412.38	3960.87	4682.95	5035.75	5678.69	6789.06
内蒙古	2583.79	3696.65	4209.02	5015.89	5630.502131	6148.78	7022.55	7213.51
辽宁	4647.46	5891.25	6849.37	8158.98	9460.12	10486.56	11956.19	13243.02
吉林	2442.73	2756.26	3111.12	3679.91	4150.36	4613.89	4992.54	5461.14
黑龙江	2855	3371.95	3861.59	4549.97	5540.31	5947.92	6883.61	7652.09
上海	7350.43	8930.85	9833.51	11142.86	12199.15	13445.07	15275.72	17022.63
江苏	11548.8	13629.07	17131.45	20842.21	23517.98	26421.64	30599.49	34085.88
浙江	8811.17	9918.78	12063.82	14180.23	15681.13	17337.22	19220.79	21341.91
安徽	3318.74	3662.15	4193.68	4975.95	5628.476739	6286.82	7378.68	8602.11
福建	4249.59	5048.49	5850.62	6878.74	7737.13	8508.03	9525.6	10796.9
江西	2005.07	2637.07	3121.4	3921.2	4486.06	5030.63	5782.98	6539.23
山东	10367.23	11768.18	14343.14	17370.89	19995.81248	22519.23	25840.12	28537.35
河南	5271.06	5700.91	6607.89	7991.72	9157.57	10290.49	12961.67	14875.23
湖北	4586.77	5127.12	6053.37	7247.02	8208.58	9398.77	11349.93	12736.79
湖南	4216.16	5402.81	6369.27	7539.54	8643.6	9885.09	11406.51	12759.77
广东	15323.59	18052.59	20711.55	24097.7	26519.68774	29688.97	33223.28	36853.47
广西	2679.94	2919.13	3383.11	3998.33	4615.300578	5171.39	5934.49	6520.15
海南	587.22	748.59	953.67	1148.93	1339.53	1518.7	1815.23	1972.22
重庆	2087.99	2474.44	2881.08	3623.81	4494.41	5242.03	6672.51	7497.75
四川	4350	5198.8	6030.41	7014.04	8242.31	9256.13	11043.2	13127.72
贵州	1376.84	1885.79	2177.07	2781.29	3282.75	3734.04	4128.5	4714.12
云南	2228.07	2519.62	2892.31	3701.79	4235.72	4897.75	5542.7	6147.27
西藏	219.64	240.85	274.82	322.57	377.8	427.93	492.35	552.16
陕西	2255.52	3143.74	3688.93	4355.81	5009.65	5607.52	6547.76	7342.1
甘肃	1241.68	1363.27	1536.5	1963.79	2269.610298	2567.6	3009.61	3341.46
青海	326.55	398.54	470.88	540.18	624.29	689.15	853.08	1000.81
宁夏	397.27	563.74	702.45	861.92	982.52	1077.12	1193.87	1294.41
新疆	1425.57	1587.72	1766.69	2245.12	2703.18	3125.98	3785.9	4169.32

参考文献

[1] 蔡海亚，徐盈之，孙文远．中国雾霾污染强度的地区差异与收敛性研究［J］．山西财经大学学报，2017，39（3）：1－14.

[2] 陈雨森．美国大气污染问题及对中国的启示［J］．商，2016（3）：46.

[3] 崔财周．英国治理雾霾的法律因素与公民意识［J］．黑龙江省政法管理干部学院学报，2017（4）：120－122.

[4] 东童童．雾霾污染、工业集聚与工业效率的交互影响研究［J］．软科学，2016（3）：26－30.

[5] 冯宗宪，陈志伟．区域能源碳排放与经济增长的脱钩趋势分析［J］．华东经济管理，2015（1）：50－54.

[6] 高广阔，马海娟．我国碳排放收敛性：基于面板数据的分位数回归［J］．统计与决策，2012（18）：25－28.

[7] 龚爱洁，刘幸怡，戴小文．成都市雾霾成因及影响因素分析［J］．环境影响评价，2017，39（1）：93－96.

[8] 古代北京遇"霾灾"：明清派官员祭天禁屠宰［N］．北京晚报，2013（10）.

[9] 郝江北．雾霾产生的原因及对策［J］．宏观经济管理，

2014 (3): 42 - 43.

[10] 何为, 刘昌义, 刘杰, 等. 环境规制、技术进步与大气环境质量——基于天津市面板数据实证分析 [J]. 科学学与科学技术管理, 2015, 36 (5): 51 - 61.

[11] 黄世坤. 中国低碳经济区域推进机制研究 [D]. 成都: 西南财经大学, 2012.

[12] 冷艳丽, 杜思正. 能源价格扭曲与雾霾污染——中国的经验证据 [J]. 产业经济研究, 2016 (1): 71 - 79.

[13] 李根生, 韩民春. 财政分权、空间外溢与中国城市雾霾污染: 机理与证据 [J]. 当代财经, 2015 (6): 26 - 34.

[14] 李健, 周慧. 中国碳排放强度与产业结构的关联分析 [J]. 中国人口·资源与环境, 2012, 22 (1): 7 - 14.

[15] 李凯杰, 曲如晓. 技术进步对中国碳排放的影响——基于向量误差修正模型的实证研究 [J]. 中国软科学, 2012 (6): 51 - 58.

[16] 李明, 李曼. 经济增长和环境规则对雾霾的区际影响差异 [J]. 中国人口·资源与环境, 2017, 27 (9): 23 - 34.

[17] 李卫东, 黄霞. 美国雾霾治理经验技巧启示 [J]. 合作经济与科技, 2017 (1): 182 - 184.

[18] 李新令. 西安城市气候年变化特征及其与 PM10 污染特征的相关分析 [D]. 西安: 西安建筑科技大学, 2003.

[19] 李振宇, 黄格省, 李顶杰, 等. 从能源消费结构分析北京雾霾天气成因及防治措施 [J]. 当代石油石化, 2013 (6): 11 - 16.

[20] 李忠民, 韩翠翠, 姚宇. 产业低碳化弹性脱钩因素影响力分析——以山西省建筑业为例 [J]. 经济与管理, 2010 (9): 41 - 22.

［21］李忠民，宋凯，孙耀华．碳排放与经济增长脱钩指标的实证测度［J］．统计与决策，2011（14）：86－88.

［22］刘海英，张秀秀．政府雾霾治理绩效评价指标体系的构建研究［J］．环境保护，2015（2）：58－61.

［23］刘其涛．碳排放与经济增长脱钩关系的实证分析——以河南省为例［J］．经济经纬，2014（11）.

［24］刘晓红，江可申．我国城镇化、产业结构与雾霾动态关系研究——基于省际面板数据的实证检验［J］．生态经济，2016，32（6）：18－25.

［25］吕长明，李跃．雾霾舆论爆发下城市减排差异与大气污染联防联控［J］．经济地理，2017（1）：148－154.

［26］马立梅，张晓．中国雾霾污染的空间效应及经济、能源结构影响［J］．中国工业经济，2014（4）：19－31.

［27］马晓倩，刘征，赵旭阳，等．京津冀雾霾时空分布特征及其相关性研究［J］．地域研究与开发，2016，35（2）：134－138.

［28］马志越．京津冀地区雾霾成因、危害及治理对策研究［J］．环境与管理，2017（10）：103－104.

［29］邵帅，李欣，曹建华，等．中国雾霾污染治理的经济政策选择——基于空间溢出效应的视角［J］．经济研究，2017（9）：15－22.

［30］沈体雁，冯等田，孙铁山．空间计量经济学［M］．北京：北京大学出版社，2011：67－92.

［31］石静．山东省雾霾污染时空特征与影响因素研究［D］.

济南：山东财经大学，2013.

[32] 苏惠．长株潭地区雾霾成因分析及治理建议 [J]. 宏观经济管理，2014 (8)：49 –50.

[33] 孙华臣，卢华．中东部地区雾霾天气的成因及对策 [J]. 宏观经济管理，2013 (6)：48 –50.

[34] 孙亮．灰霾天气成因危害及控制治理 [J]. 环境科学与管理，2012 (10)：71 –75.

[35] 佟昕．我国区域碳排放的收敛性研究 [J]. 东北大学学报，2017，19 (4)：364 –370.

[36] 屠凤娜．基于循环产业发展视角的京津冀雾霾治理的对策建议 [J]. 中国商论，2017 (7)：155 –157.

[37] 王崇梅．中国经济增长与能源消耗脱钩分析 [J]. 中国人口·资源与环境，2010，20 (3).

[38] 王惠琴，何怡平．雾霾治理中公众参与的影响因素与路径优化 [J]. 重庆社会科学，2014 (12)：42 –47.

[39] 王静，施润和，李龙，等．上海市一次重雾霾过程的天气特征及成因分析 [J]. 环境科学学报，2015，35 (5)：1537 –1546.

[40] 王立平，陈俊．中国雾霾污染的社会经济影响因素：基于空间面板数据 EBA 模型实证研究 [J]. 环境科学学报，2016 (10)：3383 –3839.

[41] 王丽粉．北京市雾霾的社会经济成因及治理机制研究 [D]. 北京：北京理工大学，2016.

[42] 王倩，高翠云．碳交易体系助力中国避免碳陷阱、促进碳

脱钩的效应研究［J］. 中国人口·资源与环境，2018（9）：16－23.

［43］王美霞. 雾霾污染的时空分布特征及其驱动因素分析：基于中国省级面板数据的空间计量研究［J］. 陕西师范大学学报（哲学社会科学版），2017（3）：1－10.

［44］王星. 城市规模、经济增长与雾霾污染——基于省会城市面板数据的实证研究［J］. 华东经济管理，2016，30（7）：86－92.

［45］王雪青，巨欣，冯博. 我国雾霾主要前驱物排放绩效省际差异分析［J］. 干旱区资源与环境，2016，30（4）：190－196.

［46］王一辰，陈映春. 京津冀雾霾空间关联特征及其影响因素溢出效应分析［J］. 中国人口·资源与环境，2017，27（5）：41－44.

［47］王依樊. 京津冀雾霾影响因素的空间相关和异质性分析［D］. 北京：首都经济贸易大学，2017.

［48］魏嘉，吕阳，付柏淋. 我国雾霾成因及防控策略研究［J］. 环境保护科学，2014（5）：51－56.

［49］吴兑，吴晓京，李菲，等. 1951～2005 年中国大陆雾霾的时空变化［J］. 气象学报，2010，68（5）：680－688.

［50］吴建南，秦朝，张攀. 雾霾污染的影响因素：基于中国监测城市 PM2.5 浓度的实证研究［J］. 行政论坛，2016（1）：62－66.

［51］吴玉鸣. 旅游经济增长及其溢出效应的空间面板计量经济分析［J］. 旅游学刊，2014，29（2）：16－24.

［52］吴玉鸣. 中国区域研发、知识溢出与创新的空间计量经济研究［M］. 北京：人民出版社，2007：67－71.

［53］吴振信，石佳. 基于 STIRPAT 和 GM（1，1）模型的北

京能源碳排放影响因素分析及趋势预测［J］. 中国管理科学，2014，20（11）：803－809.

［54］伍端平. 辨认轻雾、霾与浮尘的体会［J］. 气象，1976（4）：23.

［55］袭祝香，张硕，高晓荻，等. 吉林省雾霾和雾霾事件的时空特征及评估方法［J］. 干旱气象，2015，33（2）：244－248.

［56］向堃，宋德勇. 中国省域 PM2.5 污染的空间实证研究［J］. 中国人口·资源与环境，2015（9）：153－159.

［57］肖宏伟. 雾霾成因分析及治理对策［J］. 宏观经济管理，2014（7）：49－50.

［58］闫珅. 美国雾霾治理经验研究及对中国的启示［J］. 知识经济，2015（2）：20－23.

［59］杨书序. 雾霾形成的物理机制及灰霾的控制［J］. 环境与发展，2016（3）：54－57.

［60］杨拓，张德辉. 英国伦敦雾霾治理经验及启示［J］. 当代经济管理，2014，36（4）：93－97.

［61］俞雅乖. 我国财政分权与环境质量的关系及其地区特性分析［J］. 经济学家，2013（9）：60－67.

［62］袁芳. 日本的大气雾霾治理及其启示：对我国经济的历史省察［J］. 赤峰学院学报（自然科学版），2017，31（3）：14－16.

［63］袁凯华，李后建. 政企合谋下的策略减排困境——来自工业废气层面的度量考察［J］. 中国人口·资源与环境，2015（1）：135－141.

［64］苑清敏，何桐. 京津冀经济－资源－环境的脱钩协同关

系研究 [J]. 统计与决策, 2020 (6): 79 - 83.

[65] 张纯. 中国城市形态对雾霾的影响及演化规律研究——基于地级市 PM10 年均浓度的分析 [C]. 中国城市规划学会, 2014: 15.

[66] 张生玲, 王雨涵, 李跃, 等. 中国雾霾空间分布特征及影响因素分析 [J]. 中国人口·资源与环境, 2017, 27 (9): 15 - 22.

[67] 赵君, 武云亮. 我国雾霾集聚的空间特征及其影响因素——基于环境模型的实证分析 [J]. 苏州学院学报, 2017, 32 (6): 108 - 114.

[68] 赵普生, 徐晓峰, 孟伟, 等. 京津冀区域霾天气特征 [J]. 中国环境科学, 2012, 32 (1): 31 - 36.

[69] 郑国姣, 杨来科. 基于经济发展视角的雾霾治理对策研究 [J]. 生态经济. 2015, 31 (9): 34 - 38.

[70] 郑美秀, 周学鸣. 厦门空气污染指数与地面气象要素的关系分析 [J]. 气象与环境学报, 2010, 26 (3): 53 - 57.

[71] 周峤. 雾霾天气的成因 [J]. 中国人口·资源与环境, 2015, 25 (5): 211 - 212.

[72] 朱洪利, 潘丽君, 李巍. 10 年来云贵两省水资源利用与经济发展脱钩关系研究 [J]. 南水北调与水利科技, 2013 (5).

[73] 庄贵阳, 周伟铎, 薄凡. 京津冀雾霾协同治理的理论基础与机制创新 [J]. 中国地质大学学报 (社会科学版), 2017, 17 (5): 10 - 17.

[74] 庄贵阳. 低碳经济引领世界经济发展方向 [J]. 世界环境, 2008 (2): 34 - 36.

[75] Allan J A. Fortunately There Are Substitutes for Water Other-

wise Our Hydro-political Futures Would be Impossible [C]. London: ODA, 1993.

[76] Amy L. Stuart., Sarntharm Mudhaakua, Wataneesri Watanapongse. The social distribution of neighborhood-scale air pollution and monitoring protection [J]. Journal of the Air & Waste Management Association, 2009, 59 (5): 591-602.

[77] Anselin L. Local indicators of spatial association-LISA [J]. Geographical Analysis, 1995, 27 (2): 93-115.

[78] Anselin L. Spatial econometrics: methods and models [M]. Kluwer Academic Dordrecht, 1988.

[79] A R Evanoski-Cole, K A Gebhart, B C Sive etc. Composition and sources of winter haze in the Bakken oil and gas extraction region [J]. Atmospheric Environment, 2017 (156): 77-87.

[80] Bryn Sadownik, Mark Jaccard. Sustainable energy and urban form in China: the relevance of community energy management [J]. Energy Policy, 2001 (29): 55-65.

[81] Chao Kevin Li, Jin-hui Luo, Naomi Siegel Soderstrom. Market response to expected regulatory costs related to haze [J]. Journal of Accounting & Public Policy, 2017 (36): 201-219.

[82] Clark, Terry. The City as Entertainment Machine, Amsterdam, Netherlands; Boston, MA: Jai Elsevier, 2010. Amsterdam, Netherlands; Boston, MA: Jai Elsevier, 2010.

[83] Cliff A, Ord J K. Spatial processes: models and applications [M]. London: Pion, 1981.

[84] Clifton K, Knaap J, Ewing R, and Y Song. Quantitative analysis of urban form: A multidisciplinary review [J]. Journal of Urbanism: International Research on Place-making and Urban Sustainability, 2008 (1): 1-31.

[85] Crompton P, Wu Y R. Energy Consumption in China: Past Trends and Future Directions [J]. Energy Economics, 2005, 27 (1): 195-208.

[86] Downs, A. Stuck in Traffic: Coping with Peak-hour Traffic Congestion. The Brookings Institution [M]. Washington, DC, 1992: 199-204.

[87] Ehrlich P R, Ehrlich A H. Population, resources, environment: issues in human ecology [M]. San Francisco: Freeman, 1970.

[88] Frank A A M. de Leeuw, Nicolas Moussiopoulos, Peter Sahm et al. Urban Air Quality in Larger Conurbations in the European Union [J]. Environmental Modeling and Software, 2001 (4): 399-414.

[89] Goodchild M F, Parks B O, Steyaert L T. Environmental modeling with GIS [C]. New York: Oxford University Press, 1993: 117-139.

[90] Gorge A J, Charles W G. Establishment of an intercommunity air pollution control program [J]. Journal of the Air Pollution Control Association, 1962, 12 (4): 192-194.

[91] Haimeng Liu, Chuanglin Fang, Xiaoling Zhang. The effect of natural and anthropogenic factors on haze pollution in Chinese cities: A spatial econometrics approach [J]. Journal of Cleaner Production, 2017

(165): 323 -333.

[92] Hosseini H M et al. Spatial Environmentel Kuznets Curve for Asian Countries: Study of CO_2 and PM2. 5 [J]. Journal of Environmental Studies, 2011: 37.

[93] IPCC. 2006 IPCC Guidelines for National Greenhouse Gas Inventories [M]. Japan: IGES, 2006.

[94] Irwin L, Auerbach, Kenneth Flieger. The importance of public education in air pollution control [J]. Journal of the Air & Waste Management Association, 1967 (17): 2, 102 -104.

[95] Janice Ser Huay Lee, Zeehan Jaafar, etc. Toward clearer skies: Challenges in regulating transboundary haze in Southeast Asia [J]. Environmental Science & Policy, 2016 (55): 87 -95.

[96] Johnl Hodges. He role of the city in air pollution [J]. Journal of the Air & Waste Management Association, 1952, 2 (2): 17 -21.

[97] Jones C T. A Dynamic Analysis of Interfuel Substitution in U. S. Industrial Energy Demand [J]. Journal of Business and Economic Statistics, 1995, 13 (4): 459 -465.

[98] Jotzo F. Quantifying Uncertainties of Emission Targets, Economics and Environment [R]. Network Working Papers with Number 0603, Astralia National University, 2006.

[99] Kai Liu, Ying Li, John Thomas Delaney. Haze - Related Air Pollution and Impact on the Stock Returns of the Listed Steel Companies in China [A]. International Conference on Management Science and Engineering Management, 2017 (7): 1209 -1219.

[100] Lancet, T. living in smog: China and air pollution [J]. Lancet, 2014 (383): 845.

[101] Logaraj Ramakreshnan, Nasrin Aghamohammadi, Chng Saun Fong et al. Haze and health impacts in ASEAN countries: a systematic review [J]. Environmental Science and Pollution Research, 2018 (25): 2096 - 2111.

[102] Maddiso, D. Modelling Sulphur Emissions in Europe: A Spatial Econometric Approach [J]. Oxford Economic Papers, 2007 (59): 726 - 743.

[103] Malm W C. Characteristics and origins of haze in the continental United - States [J]. Earth - Science Reviews, 1992, 33 (1): 1 - 36.

[104] Marquez, L O, Smith, N C. A Framework for Linking Urban Form and Air Quality [J]. Envfironmental Modeling and Software, 1999 (14): 541 - 548.

[105] Nurhidayah L. Legislation, regulations, and policies in Indonesia relevant to addressing land/forest fires and transboundary haze pollution: A critical evaluation [J]. American Journal of Physiology Renal Physiology, 2013, 293 (4): 1332 - 1341.

[106] Olli Varis, pertti Vakkilainen. China's challenges to water resources management in the first quarter of the 21st Century. Geomorphology, 2001 (41): 93 - 104.

[107] Paelinck J, Klassen L. Spatial econometrics [M]. Farnborough: Saxon House, 1979.

[108] Peter B. The Big Smok: A History of Air Pollution in London

since Medieval Times [M]. New York: Routledge Revials, 2012.

[109] Rey S J, Murray, A T, Anselin L. Visualizing regional income distribution dynamics [J]. Letters in Spatial and Resource Sciences, 2011, 4 (1): 81-90.

[110] Rey S J. Spatial empirics for economic growth and convergence [J]. Geographical Analysis, 2011, 33 (3): 195-214.

[111] Romero Avila, D. Convergence in Carbon Dioxide Emissions among Industrialized Countries Revisited [J]. Energy Economics, 2008, 30 (5): 2265-2282.

[112] Seaman, N L. Future directions of meteorology related to air-quality research [J]. Environment, 2003 (29): 245-252.

[113] Shankar K Karki, Michael D Mann & Hossein Salchfar. Energy and environment in the ASEAN: challenges and opportunities [J]. Energy Policy, 2005 (33): 499-509.

[114] Soytasa U, Sari R, Ewing B T. Energy Consumption, Income and Carbon Emissions in the United States [J]. Ecological Economics, 2007 (62).

[115] Stephen Wiel. Evaluating local air pollution control administration effectiveness [J]. Journal of the Air & Waste Management Association, 1972 (22): 6, 437-443.

[116] Tapio P. Towards a Theory of Decoupling: Degrees of Decoupling in the EU and the Ease of Road Traffic in Finland Between 1970 and 2001 [J]. Journal of Transport Policy, 2005 (12).

[117] Vehmas J, kaivo-oja J, Luukkanen J. Global Trends of link-

ing Environmental Stress and Economic Growth [R]. Turku: Finland Futures Research Center, 2003.

[118] Walter C Wagner. The Role of Industry in Air Pollution [J]. Air Repair, 2012. 2: 3, 122 -124.

[119] Wang, H L, Qiao, L P, Lou, S R, Zhou, M, Ding, A J, Huang, H Y, Chen, J M, Wang, Q, Tao, S, Chen, C H, Li, L, Huang, C. Chemical composition of PM2. 5 and meteorological impact among three years in urban Shanghai, China [J]. Clean, 2016 (112): 1302 -1311.

[120] York R, Rosa E A, Dietz T. A rift in modernity? assessing the anthropogenic sources of global climate change with the STIRPAT model [J]. International Journal of Sociology and Social Policy, 2003, 23 (10): 31 -51.

[121] York R, Rosa E A, Dietz T. Stirpat, Ipat and impacts: analytic tools for unpacking the driving forces of environmental impacts [J]. Ecological Eeonomies, 2003, 46 (3): 351 -365.

后　　记

岁月流逝，经年花开，转眼间博士毕业多年，博士后也已经出站，又将有一本著作出版。蓦然回首，结识了很多良师益友，这期间有许多的事情值得我去怀念，也有太多的人值得我记得。

我特别感谢我的硕士导师曹老师和博士导师陈老师，这么多年都一直在我身边关心我、鼓励我。无论是在学习还是生活上，恩师都给予了我无微不至的关心，启发我如何做学问，更教会我如何看待人生。

在此还要特别感谢我在中央财经大学做博士后期间曾给予过帮助和关怀的老师和同学们，蒋老师给我一个深入了解北京的机会，很多同门的感觉都是相似的，蒋老师给予我们的太多太多，蒋老师的团队让我在北京有了家的感觉，每次参加同门聚会，都会给我奋进的力量。

非常感谢陪我渡过了人生中最难忘时光的所有人，有缘结识让我感受到了珍贵友谊和学术交流的乐趣！

本书出版过程中得到了经济科学出版社李雪老师的大力支持，在此谨对李雪老师及其团队给予的帮助和辛勤工作表示诚挚的谢意！

佟昕谨记

2022 年 11 月 11 日于北京